材料科学研究与测试方法实验教程

主　编　朱和国　王秀娟　刘吉梓
主　审　沙　刚

东南大学出版社
SOUTHEAST UNIVERSITY PRESS
·南京·

内 容 提 要

　　《材料科学研究与测试方法实验教程》是材料专业核心课程"材料研究方法"的实验教材，即为教材《材料科学研究与测试方法》的配套实验教材。《材料科学研究与测试方法》是普通高等教育"十一五"国家级规划教材、"十二五"和"十三五"江苏省高等学校重点教材、2015兵工高校优秀教材和中国MOOC网国家精品课程《材料研究方法》的选用教材。为使读者更好地理解和掌握该实验教材的核心内容，本书共设计了34个实验，主要分布在X射线衍射和电子衍射，及表面分析技术、热分析技术和光谱分析技术等方面，每一实验包括实验目的、实验内容、实验原理、实验仪器设备与材料、实验方法和步骤、实验报告要求、实验注意事项、实验思考题等8个方面，通过本课程的学习，可使学生掌握各种现代分析方法的基本原理、实验方法与步骤，锻炼和提高学生理论分析和实践动手的能力。

图书在版编目(CIP)数据

材料科学研究与测试方法实验教程/朱和国，王秀娟，刘吉梓主编.—南京：东南大学出版社，2019.7
　ISBN 978-7-5641-8486-5

　Ⅰ.①材… Ⅱ.①朱… ②王… ③刘… Ⅲ.①材料科学-研究方法-实验-高等学校-教材②材料科学-测试方法-实验-高等学校-教材 Ⅳ.①TB3-33

中国版本图书馆CIP数据核字(2019)第142358号

材料科学研究与测试方法实验教程

Cailiao Kexue Yanjiu Yu Ceshi Fangfa Shiyan Jiaocheng

主　　编	朱和国　王秀娟　刘吉梓	
出版发行	东南大学出版社	
出 版 人	江建中	
责任编辑	张　煦	
社　　址	南京市四牌楼2号　（邮编：210096）	
经　　销	全国各地新华书店	
印　　刷	兴化印刷有限责任公司	
开　　本	787 mm×1092 mm　1/16	
印　　张	12.25	
字　　数	290千	
版　　次	2019年7月第1版	
印　　次	2019年7月第1次印刷	
书　　号	ISBN 978-7-5641-8486-5	
定　　价	39.00元	

（本社图书若有印装质量问题，请直接与营销部联系。电话(传真)：025-83791830）

出 版 前 言

当今科技进步突飞猛进,发展日新月异,竞争也日趋激烈,但核心在材料。对材料的科学研究与测试方法的合理选择是获得先进材料的核心环节,是材料科学工作者必须掌握的基本知识。

《材料科学研究与测试方法》是普通高等教育"十一五"国家级规划教材、"十二五"和"十三五"江苏省高校重点教材、2015 兵工高校优秀教材和中国 MOOC 网国家精品课程"材料研究方法"的选用教材。全书主要包括晶体学基础、X 射线的衍射分析及应用、电子衍射分析及应用、表面分析技术、热分析技术和光谱分析技术等内容。书中所涉及的材料包括金属材料、无机非金属材料、高分子材料、非晶态材料、复合材料等。然而,开发新材料、研究新材料不仅需要扎实的理论基础,更需要超强的动手实践能力,为此,我们编写了与本课程配套的实验教材。由于材料的研究手段层出不穷,我们结合南京理工大学分析测试中心的现有设备,主要介绍 X 射线衍射和电子衍射相关的核心实验,及表面分析技术、热分析技术和光谱分析技术等方面的一般实验,每一实验包括实验目的、实验内容、实验原理、实验仪器设备与材料、实验方法和步骤、实验报告要求、实验注意事项、实验思考题等 8 个方面内容。帮助读者领会各种实验的研究思路,懂得该研究什么、为何研究及怎么研究,从而培养读者从理论分析到实践操作的能力。全书力求内容深度适中,表述繁简结合,通俗易懂。

该书由南京理工大学一线教师合作编写,共 34 个实验,各实验的执笔人分别为:实验 1～10 王秀娟、实验 11～19 朱和国、实验 20～21 伏澍、实验 22～23 孔惠慧、实验 24～25 张继峰、实验 26～27 尤泽升、实验 28～29 梁宁宁、实验 30～32 刘吉梓、实验 33～34 黄鸣。全书由朱和国统稿,沙刚教授主审。

本书得到南京理工大学教务处及材料学院徐锋院长的积极支持,东南大学吴申庆教授的热情鼓励,以及孙晓东、张大山、李成鑫、邱欢、贾婷、朱成艳、伍昊等研究生的鼎力协助,在此表示敬意和感谢!

本书可作为高等学校材料专业的本科生、研究生的实验指导书,或材料工作者的参考用书。由于笔者水平有限,本书中定有疏漏和错误之处,恳请读者批评指正。

朱和国

2019 年元月于南京

目　录

实验 1　X 射线衍射物相定性分析

一、实验目的

1. 学习了解 X 射线衍射仪的结构和工作原理。
2. 掌握 X 射线衍射物相定性分析的原理和实验方法。
3. 掌握 X 射线分析软件 DIFFRAC.EVA 的基本操作和物相检索方法。

二、实验内容

了解 X 射线衍射仪的基本构成、物相鉴定的基本步骤和工作原理。

三、实验仪器设备与材料

X 射线衍射仪:Bruker-AXS D8 Advance (图 1-1);试样块。

四、实验原理

物相定性分析原理:X 射线与物质相互作用产生各种复杂过程。一束 X 射线通过物质后,就其能量转换而言,分为三部分:X 射线的散射,吸收,透过物质沿原来的方向传播衰减。

X 射线作为电磁波投射到晶体中时,受到晶体中原子(电子)的散射,散射波以每一个原子中心发出的散射波(球面波)如图 1-2 所示。

图 1-1　Bruker-AXS D8 Advance X 射线衍射仪

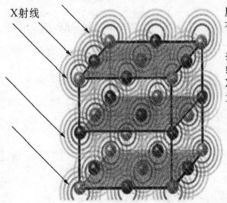

X射线

原子或离子中的内层电子在外场作用下做受迫振动。

振动着的电子成为次生X射线的波源,向外辐射与入射X射线同频率的电磁波,称为散射波。

图 1-2　原子中心发出的散射波(球面波)示意图

晶体中原子周期排列，这些散射球面波之间存在固定的位相关系，在空间产生干涉，导致在某些散射方向的球面波相互加强，某些方向上相互抵消。从而出现衍射现象，即在偏离原入射线特定的方向上出现散射线加强，而产生衍射斑点或衍射环，其余方向则无。

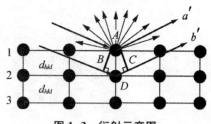

图 1-3 衍射示意图

散射波周相一致相互加强的方向称衍射方向（图1-3）。衍射方向取决于晶体的晶胞的大小，衍射强度是由晶胞中各个原子种类及其位置决定的。

物相是指试样中由各种元素形成的具有固定结构的化合物（也包括单质元素和固溶体）。物相分析给出物相的组成和含量。石英 SiO_2 由 Si 和 O 组成，它可以是非晶态玻璃石英，也可是晶态石英晶体，石英晶体在不同的热力学条件下也有不同的变体，α、β、γ 石英、方石英、鳞石英，可一一分辨。化学分析只能分辨 Si 和 O。

X 射线入射到多晶体上，产生衍射的充要条件是：光程差 δ 等于波长的整倍数 $n\lambda$，即

$$2d\sin\theta = n\lambda \qquad (1\text{-}1)$$

$$且 \quad F^2_{HKL} \neq 0 \qquad (1\text{-}2)$$

式(1-1)确定了衍射方向，在一定的实验条件下衍射方向取决于晶面间距 d，而 d 是晶胞参数的函数。式(1-2) 表示衍射强度与结构因子 F^2_{HKL} 的关系，衍射强度正比于结构因子模的平方。F^2_{HKL} 的数值取决于物质的结构，即晶胞中原子的种类、数目和排列方式。因此决定 X 射线衍射谱中衍射方向和衍射强度的一套 d 和 I 的数值是与一个确定的晶体结构相对应的。这就是说，任何一个物相都有一套 $d-I$ 特征值，两种不同物相的结构稍有差异，其衍射谱总的 d 和 I 将有区别，这就是应用 X 射线衍射分析和鉴定物相的依据。

一种物相衍射谱中的 $d-\dfrac{I}{I_1}$（I_1 是衍射图谱中最强峰的强度值）的数值取决于该物质的组成与结构，其中 I/I_1 称为相对强度。当两个样品 $d-\dfrac{I}{I_1}$ 的数值都对应相等时，这两个样品就是组成与结构相同的同一种物相。因此，当一未知物相的样品的衍射谱上的 $d-\dfrac{I}{I_1}$ 的数值与某一已知物相 M 的数据相合时，即可认为未知物即是 M 相。由此看来，物相定性分析就是将未知物的衍射实验所得的结果，考虑各种偶然因素的影响，经过去伪存真获得一套可靠的 $d-\dfrac{I}{I_1}$ 数据后与已知物相的 I/I_1 相对照，再依照晶体和衍射的理论对所属物相进行肯定与否定。目前，已测量了大约 290 000 种物相的 I/I_1 数据，每个已知物相的 $d-\dfrac{I}{I_1}$ 数据制作成一张 PDF 卡片，若待测物是在已知物相的范围之内，物相分析工作即是实际可行的。

一般来说，判断一个物相是否存在有三个条件：

(1) PDF 卡片中的峰位与测量谱的峰位是否匹配。换句话说，一般情况下 PDF 卡片

中出现的峰的位置,样品谱中必须有相应的峰与之对应,即使三条强线对应得非常好,但有另一条较强线位置明显没有出现衍射峰,也不能确定存在该相。除非能确定样品存在某种明显的择优取向,此时需要另外考虑择优取向问题。但是,对于一些固溶样品,峰位可能会向某一衍射角方向偏移,此时只要峰位移动后是匹配的,也应当确定有该物相存在。

(2)卡片的峰强比与样品峰的峰强比要大致相同。例外情况,如加工态的金属块状样品,由于择优取向存在,导致峰强比不一致,因此,峰强比仅可做参考。特别是一些强织构样品、薄膜样品,某些衍射峰的强度匹配出现异常,甚至某些方向的衍射不会出现。

(3)检索出来的物相包含的元素在样品中必须存在。例如,如果检索出一个FeO相,但样品中根本不可能存在Fe元素,即使其他条件完全吻合,也不能确定样品中存在该相,此时可考虑样品中存在与FeO晶体结构大体相同的某相。

对于无机材料和黏土矿物,一般参考"特征峰"来确定物相,而不要求全部峰的对应,因为一种黏土矿物中包含的元素也可能不同,结构上也可能存在微小的差距。

五、实验方法和步骤

1. 实验步骤

(1)开机步骤:

① 打开冷却水循环装置(图1-4),此机器设置温度在20 ℃,一般温度不超过28 ℃即可正常工作。

② 在衍射仪左侧面,将红色旋钮放在"1"的位置,将绿色按钮按下(图1-5)。此时机器开始启动和自检。启动完毕后,机器左侧面的两个指示灯显示为白色。

图1-4　冷却水循环装置　　　图1-5　开关按钮　　　图1-6　高压发生器指示灯

③ 按下高压发生器按钮,高压发生器指示灯亮(图1-6)。(如果是较长时间未开机,仪器将自动进行光管老化,此时按键为闪烁的蓝色,并且显示COND)

④ 打开仪器控制软件,DFFRAC.Measurement Center选择Lab Manager,没有密码,回车进入软件界面。

⑤ 在Commander界面上,勾上Request,然后点击Int,对所有马达进行初始化,(在每次开机时需要进行初始化,仪器会自动提醒,未初始化显示为感叹号"!"初始化正常后显

示为对勾号"√")(图1-7)。

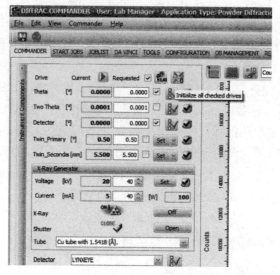

图1-7　软件操作界面

⑥ 机器启动完毕,可进行测量。

(2) 放置好样品,按要求设定仪器相关参数,初级 Twin opitcs 设为 0.5°发散度,次级的 Twin opitcs 选择 Fixed mm,并设定为 5.8 mm。电压 40 kV,电流 40 mA,扫描步长:0.02°/step,每步时间 0.1 s, Soller 狭缝选 2.5°,选择 Coupled two theta/Theta,扫描范围 20°~80°,点击开始,即开始测试。

(3) 测试结束,保存实验数据,取回实验样品,将电压、电流分别降至 20 kV、5 mA。

2. 分析步骤

(1) 用 EVA 软件打开测量图谱,打开检索窗口,如图 1-8 所示。

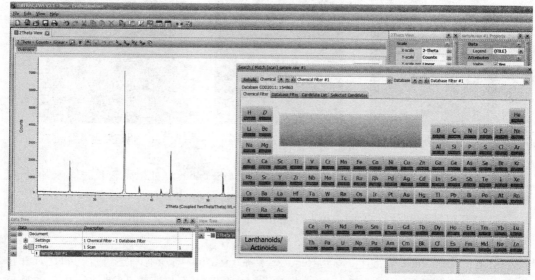

图1-8　检索窗口

（2）扣背底，在元素周期表中选择可能的化学元素，如图1-9所示。

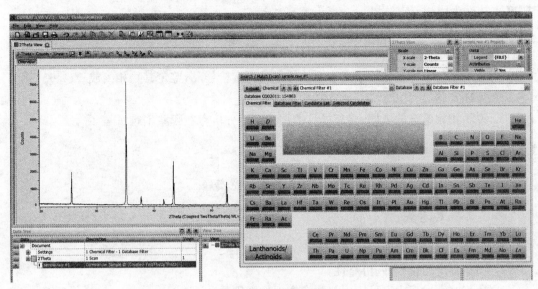

图1-9　元素周期表

在 Search/Match 窗口中，拖动可进行全选，鼠标左键改变颜色。选中后，先全部变成红色，改变所选元素的颜色，限定元素种类：红色-排除；绿色-包括；灰色-可能；蓝色-至少所选的一种；通常的做法是把可能的元素都变成灰色即可。用化学成分设定逼进是检索物相好办法。

（3）在"Search/Match"中点击"Candidate list"菜单中的"Match"会自动出现检索结果（图1-10）。

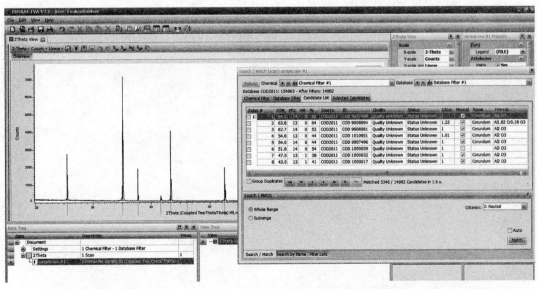

图1-10　检索结果

（4）在检索结果列表中，根据谱线角度匹配情况并参考强度匹配情况，选择最匹配的
PDF 卡片作为物相鉴定结果。

六、实验报告要求

1. 分别以粉末样品和加工态合金块体样品为实验样品，鉴定其物相组成。
2. 简述实验过程。
3. 说明物相鉴定的依据，多相样品的物相定性分析存在哪些困难？

七、实验注意事项

实验过程中注意辐射防护，同学在实验现场注意安静。

八、实验思考题

1. 物相鉴定的基本原理。
2. 物相鉴定的正确性、可靠性。
3. 物相鉴定过程中字母索引与数字索引的区别是什么？

实验 2　X 射线衍射物相定量分析

一、实验目的

1. 掌握多相样品 X 射线衍射强度与物相含量的关系。
2. 熟悉 X 射线衍射法测量多相材料的实验方法。

二、实验内容

1. 测试多相样品 X 射线衍射强度与物相含量的定量关系，计算出各相的相对量。
2. 全面熟悉 X 射线衍射法测量多相材料的实验方法，并进行对比讨论。

三、实验仪器设备与材料

X 射线衍射仪：Bruker-AXS D8 Advance(图 1-1)；复合材料试样。

四、实验原理

1. 定量分析的原理

定量分析的依据：各相衍射线的相对强度，随该相含量的增加而提高。单相多晶体的相对衍射强度可由下式表示：

$$I_{相对} = F_{HKL}^2 \cdot \frac{1 + \cos^2 2\theta}{\sin^2\theta \cos\theta} \cdot P \cdot A \cdot e^{-2M} \cdot \frac{V}{V_0^2} \tag{2-1}$$

该式原只适用于单相试样，但通过稍加修正后同样适用于多相试样。

设试样是由 n 种物相组成的平板试样，试样的线吸收系数为 μ_l，某相 j 的 HKL 衍射相对强度为 I_j，则 $A = \dfrac{1}{2\mu_l}$，j 相的相对强度为

$$I_j = F_{HKL}^2 \cdot \frac{1 + \cos^2 2\theta}{\sin^2\theta \cos\theta} \cdot P \cdot \frac{1}{2\mu_l} \cdot e^{-2M} \cdot \frac{V_j}{V_{0j}^2} \tag{2-2}$$

式中：V_j——j 相被辐射的体积；

V_{0j}——j 相的晶胞体积。

显然，在同一测定条件下，影响 I_j 大小的只有 μ_l 和 V_j，其他均可视为常数，且 $V_j = f_j \cdot V$，f_j 为 j 相的体积分数，V 为平板试样被辐射的体积，它在测试过程中基本不变，可设定为 1，这样把所有的常数部分设为 C_j，此时 I_j 可表示为

$$I_j = C_j \cdot \frac{1}{\mu_l} \cdot f_j \tag{2-3}$$

设 j 相的质量分数为 ω_j，则

$$\mu_l = \rho\mu_m = \rho\sum_{j=1}^{n}\omega_j\mu_{mj} \tag{2-4}$$

式中：μ_m 和 μ_{mj} 分别为试样和 j 相的质量吸收系数；ρ 为试样的密度；n 为试样中物相的种类数。

由于 $\omega_j = \dfrac{M_j}{M} = \dfrac{\rho_j \cdot V_j}{\rho \cdot V} = \dfrac{\rho_j}{\rho} \cdot f_j$，所以 $f_j = \dfrac{\rho}{\rho_j}\omega_j$，代入式(2-3)得 $I_j = C_j \cdot \dfrac{1}{\rho\mu_m} \cdot \dfrac{\rho}{\rho_j}\omega_j$ $= \dfrac{C_j}{\rho_j\mu_m}\omega_j$。这样得到物相定量分析的两个基本公式：

体积分数：
$$I_j = C_j \cdot \frac{1}{\mu_l} \cdot f_j = C_j \cdot \frac{1}{\rho\mu_m} \cdot f_j \tag{2-5}$$

质量分数：
$$I_j = C_j \cdot \frac{1}{\rho_j\mu_m} \cdot \omega_j \tag{2-6}$$

由于试样的密度 ρ 和质量吸收系数 μ_m 也随组成相的含量变化而变化，因此，各相的衍射线强度随其含量的增加而增加，但它们保持的是正向关系，而非正比例关系。

2. 定量分析方法

根据测试过程中是否向试样中添加标准物，定量分析方法可分为内标法和外标法两种。外标法又称单线条法或直接对比法；内标法又派生出了 K 值法和参比强度法等多种方法。

(1) 外标法(单线条法或直接对比法)

设试样由 n 个相组成，其质量吸收系数均相同(同素异构物质即为此种情况)，即 $\mu_{m1} = \mu_{m2} = \cdots = \mu_{mj} = \cdots = \mu_{mn}$，则 $\mu_m = \sum_{j=1}^{n}\omega_j\mu_{mj} = \mu_{mj}(\omega_1 + \omega_2 + \cdots + \omega_j + \cdots + \omega_n) = \mu_{mj}$，即试样的质量吸收系数 μ_m 与各相的含量无关，且等同于各相的质量吸收系数，为一常数。此时式(2-6)可进一步简化为：

$$I_j = C_j \cdot \frac{1}{\rho_j\mu_m} \cdot \omega_j = C_j^* \cdot \omega_j \tag{2-7}$$

式(2-7)表明 j 相的衍射线强度 I_j 正比于其质量分数 ω_j。

当试样为纯 j 相时，则 $\omega_j = 100\%$，j 相用以测量的某衍射线强度记为 I_{j0}。

此时
$$\frac{I_j}{I_{j0}} = \frac{C_j^* \cdot \omega_j}{C_j^*} = \omega_j \tag{2-8}$$

即混合试样中与纯 j 相在同一位置上的衍射线强度之比为 j 相的质量分数。该式即为外标法的理论依据。

外标法比较简单，但使用条件苛刻，各组成相的质量吸收系数应相同或试样为同素异

构物质组成。当组成相的质量吸收系数不等时,该法仅适用于两相,此时,可事先配制一系列不同质量分数的混合试样,制作定标曲线,应用时可直接将所测曲线与定标曲线对照得出所测相的含量。

（2）内标法

当待测试样由多相组成,且各相的质量吸收系数又不等时,应采用内标法进行定量分析。所谓内标法是指在待测试样中加入已知含量的标准相组成混合试样,比较待测试样和混合试样同一衍射线的强度,以获得待测相含量的分析方法。

设待测试样的组成相为：$A+B+C+\cdots$,表示为 $A+X$,A 为待测相,X 为其余相。标准相为 S,混合试样的相组成为：$A+B+C+\cdots+S$,表示为 $A+X+S$。

A 相在标准相 S 加入前后的质量分数分别是：

$$\omega_A=\frac{A}{A+X} \quad 和 \quad \omega'_A=\frac{A}{A+X+S}$$

S 相加入后,混合试样中 S 相的质量分数为：

$$\omega_S=\frac{S}{A+X+S}$$

设加入标准相后,A 相和 S 相衍射线的强度分别为 I'_A 和 I_S,则

$$I'_A=\frac{C_A \cdot \omega'_A}{\rho_A \cdot \mu_{m(A+X+S)}} \tag{2-9}$$

$$I_S=\frac{C_S \cdot \omega_S}{\rho_S \cdot \mu_{m(A+X+S)}} \tag{2-10}$$

$$\frac{I'_A}{I_S}=\frac{C_A \cdot \rho_S}{C_S \cdot \rho_A} \cdot \frac{\omega'_A}{\omega_S} \tag{2-11}$$

因为 $\omega'_A=\omega_A \cdot (1-\omega_S)$,所以

$$\frac{I'_A}{I_S}=\frac{C_A \cdot \rho_S}{C_S \cdot \rho_A} \cdot \frac{\omega'_A}{\omega_S}=\frac{C_A \cdot \rho_S}{C_S \cdot \rho_A} \cdot \frac{(1-\omega_S)}{\omega_S} \cdot \omega_A \tag{2-12}$$

令 $\dfrac{C_A \cdot \rho_S}{C_S \cdot \rho_A} \cdot \dfrac{(1-\omega_S)}{\omega_S}=K_S$,则

$$\frac{I'_A}{I_S}=K_S \cdot \omega_A \tag{2-13}$$

该式即为内标法的基本方程。当 K_S 已知时,$\left(\dfrac{I'_A}{I_S}\right) \sim \omega_A$ 为直线方程,并通过坐标原点,在测得 I'_A、I_S 后即可求得 A 相的相对含量。

由于内标法中 K_S 值随 ω_S 的变化而变化,因此,在具体应用时,需要通过实验方法先求

出 K_S 值,方可利用公式(2-13)求得待测相 A 的含量。为此,需配制一系列样品,测定其衍射强度,绘制定标曲线,求得 K_S 值。具体方法如下:在混合相 $A+S+X$ 中,固定标准相 S 的含量为某一定值,如 $\omega_S = 20\%$,剩余的部分用 A 及 X 相制成不同配比的混合试样,至少两个配比以上,分别测得 I'_A 和 I_S,获得系列的 $\left(\dfrac{I'_A}{I_S}\right)$ 值。

如 配比 1: $\omega'_A = 60\%$, $\omega_S = 20\%$, $\omega_X = 20\%$, $\omega_A = \dfrac{\omega'_A}{1-\omega_S} = 75\% \rightarrow \left(\dfrac{I'_A}{I_S}\right)_1$

配比 2: $\omega'_A = 40\%$, $\omega_S = 20\%$, $\omega_C = 40\%$, $\omega_A = \dfrac{\omega'_A}{1-\omega_S} = 50\% \rightarrow \left(\dfrac{I'_A}{I_S}\right)_2$

配比 3: $\omega'_A = 20\%$, $\omega_S = 20\%$, $\omega_X = 60\%$, $\omega_A = \dfrac{\omega'_A}{1-\omega_S} = 25\% \rightarrow \left(\dfrac{I'_A}{I_S}\right)_3$

作出 $\left(\dfrac{I'_A}{I_S}\right) \sim \omega_A$ 关系曲线。由于 ω_S 为定值,故 $\left(\dfrac{I'_A}{I_S}\right) \sim \omega_A$ 曲线为直线,该直线的斜率即为 $\omega_S = 20\%$ 时的 K_S。

需注意的是:在求得 K_S 后,运用内标法测定待测相 A 的含量时,内标物 S 和加入量 ω_S 应与测定 K_S 值时的相同。

(3) K 值法

由内标法可知,K_S 值取决于标准相 S 的含量,且需要制定内标曲线,因此,该法工作量大,使用不便,有简化的必要。K 值法即为简化法中的一种,它首先是由钟焕成(Chung F. H.)于 1974 年提出来的。

根据内标法公式:

$$\frac{I'_A}{I_S} = \frac{C_A \cdot \rho_S}{C_S \cdot \rho_A} \cdot \frac{(1-\omega_S)}{\omega_S} \cdot \omega_A \tag{2-14}$$

令

$$K_S^A = \frac{C_A \cdot \rho_S}{C_S \cdot \rho_A}$$

则

$$\frac{I'_A}{I_S} = K_S^A \cdot \frac{(1-\omega_S)}{\omega_S} \cdot \omega_A \tag{2-15}$$

该式即为 K 值法的基本公式,式中 K_S^A 仅与 A 和 S 两相的固有特性有关,而与 S 相的加入量 ω_S 无关,它可以由直接查表或实验获得。实验确定 K_S^A 也非常简单,仅需配制一次,即取各占一半的纯 A 和纯 S($\omega_S = \omega'_A = 50\%$)相,分别测定混合样的 I'_A 和 I_S,由

$$\frac{I'_A}{I_S} = \frac{C_A \cdot \rho_S}{C_S \cdot \rho_A} \cdot \frac{\omega'_A}{\omega_S} = \frac{C_A \cdot \rho_S}{C_S \cdot \rho_A} = K_S^A \tag{2-16}$$

即可获得 K_S^A 值。运用 K 值法的步骤如下:

① 查表或实验测定 K_S^A;

② 向待测样中加入已知含量 ω_S 的 S 相，测定混合样的 I_S 和 I'_A；

③ 代入公式 $\dfrac{I'_A}{I_S} = K_S^A \cdot \dfrac{(1 - \omega_S)}{\omega_S} \cdot \omega_A$，即可求得待测相 A 的含量 ω_A。

K 值法源于内标法，它不需要制定内标曲线，使用较为方便。

（4）绝热法

内标法和 K 值法均需要向待测试样中添加标准相，因此，待测试样必须是粉末。那么块体试样的定量分析如何进行呢？这就需要采用新的方法如绝热法和参比强度法等。

绝热法不需添加标准相，它是用待测试样中的某一相作为标准物质进行定量分析的，因此，定量分析过程不与系统以外发生关系。其原理类似于 K 值法。

设试样由 n 个已知相组成，以其中的某一相 j 为标准相，分别测得各相衍射线的相对强度，类似于 K 值法，获得 $(n-1)$ 个方程。此外，各相的质量分数之和为 1，这样就得到 n 个方程组成的方程组：

$$
\begin{cases}
\dfrac{I_1}{I_j} = K_j^1 \cdot \dfrac{\omega_1}{\omega_j} \\[2mm]
\dfrac{I_2}{I_j} = K_j^2 \cdot \dfrac{\omega_2}{\omega_j} \\[2mm]
\quad\vdots \\[2mm]
\dfrac{I_{n-1}}{I_j} = K_j^{n-1} \cdot \dfrac{\omega_{n-1}}{\omega_j} \\[2mm]
\sum\limits_{j=1}^{n} \omega_j = 1
\end{cases}
\tag{2-17}
$$

解该方程组即可求出各相的含量。绝热法也是内标法的一种简化，标准相不是来自外部而是试样本身，该法不仅适用于粉末试样，同样也适用于块体试样，其不足是必须知道试样中的所有组成相。

（5）参比强度法

参比强度法实际上是对 K 值法的再简化，它适用于粉体试样，当待测试样仅含两相时也可适用于块体试样。该法采用刚玉（$\alpha\text{-}Al_2O_3$）作为统一的标准物 S，某相 A 的 K_S^A 已标于卡片的右上角或数字索引中，无需通过计算或实验即可获得 K_S^A 了。

当待测试样中仅有两相时，定量分析时不必加入标准相，此时存在以下关系：

$$
\begin{cases}
\dfrac{I_1}{I_2} = K_2^1 \cdot \dfrac{\omega_1}{\omega_2} = \dfrac{K_S^1}{K_S^2} \cdot \dfrac{\omega_1}{\omega_2} \\[2mm]
\omega_1 + \omega_2 = 1
\end{cases}
\tag{2-18}
$$

解该方程组即可获得两相的相对含量了。

五、实验方法和步骤

1. 实验步骤

（1）开机步骤同实验 1 中的开机步骤①～⑥。

（2）放置好样品，按要求设定仪器相关参数，初级 Twin opitcs 设为 0.5°发散度，次级的 Twin opitcs 选择 Fixed mm，并设定为 5.8 mm。电压 40 kV，电流 40 mA，扫描步长：0.02°/step，每步时间 1 s，Soller 狭缝选 2.5°，选择 Coupled two theta/Theta，扫描范围 20°～80°，点击开始，即开始测试。

（3）测试结束，保存实验数据，取回实验样品，将电压、电流分别降至 20 kV、5 mA。

2. 分析步骤

（1）打开 DQuant，新建"New Program"，如图 2-1。

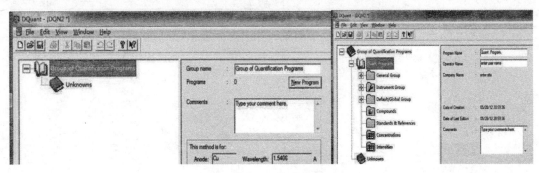

图 2-1　程序图

（2）定义物相

右击"Compounds"文件夹，点击"New Compound"，"Name"栏中输入"Boehmite"；右键 "Boehmite"文件夹，点击"New Compound"，在"Name"栏中输"Corundum"，如图 2-2 所示。

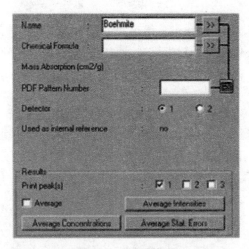

图 2-2　物相定义图

（3）选择定量模型

点击"General Group"下拉菜单中的"Quantification Model"，如图 2-3 所示。

存储当前文件 ＊.DQN 文件点击"File/save"，存储文件注意：定量过程中用到的 raw 和 DQN 文件需保存在同一目录下。

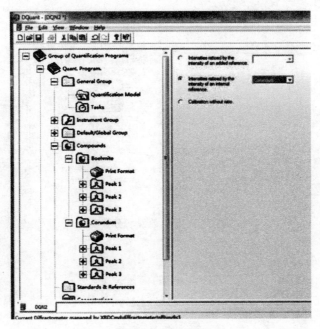

图 2-3 下拉菜单

（4）设置标样

右键点击"Standards & References/New Standard"，调入第一个标样数据如 ET80. raw；再创建"New Standard"，再调入如 ET50.raw 和 ET20.raw，如图 2-4 所示。

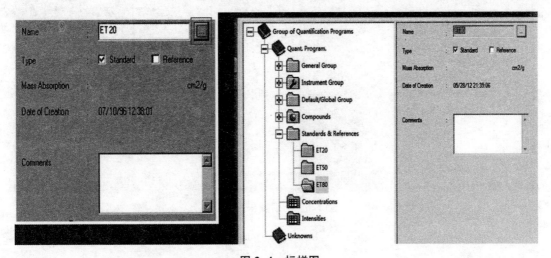

图 2-4 标样图

（5）确定衍射峰及积分强度

点击"Boehmite /Peak1/EVA"弹出窗口；选择"Boehmite"的峰为 28.18°；选择左右背底（Background）、衍射峰范围（Peak）以及理论峰位（Theoretical Peak）。关闭 EVA，定义"Corundum"的峰为 25.58°，如图 2-5 所示。

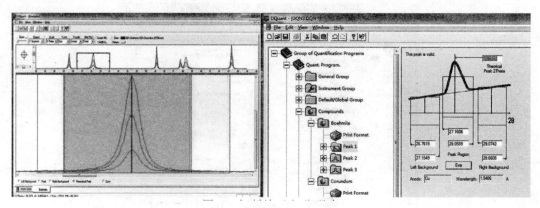

图 2-5　衍射峰及积分强度

（6）输入标样含量与计算积分强度

点击"Concentrations"文件夹，输入标样的含量。

点击"Intensities/Read from raw files"，软件自动计算定义好的衍射峰积分强度。如图 2-6 所示。

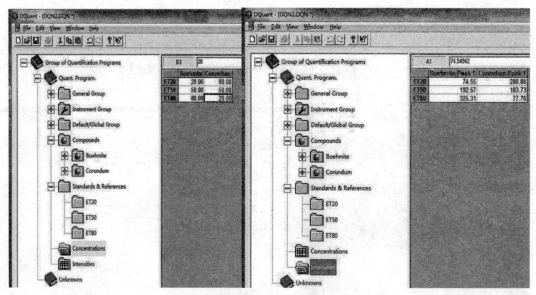

图 2-6　衍射峰积分强度

（7）建立定标曲线

点击"Boehmite"文件夹，点击"Calibration"建立定标曲线，同时点击保存"Save Calibration"，如图 2-7 所示。

（8）计算未知样品含量

右键"Unknown"，点击"New Unknown"；点击"Name"后的浏览键，调入未知样品的数据，比如 ET20.raw；点击右下角的"Compute"，则自动计算出未知样品结果，如图 2-8 所示。

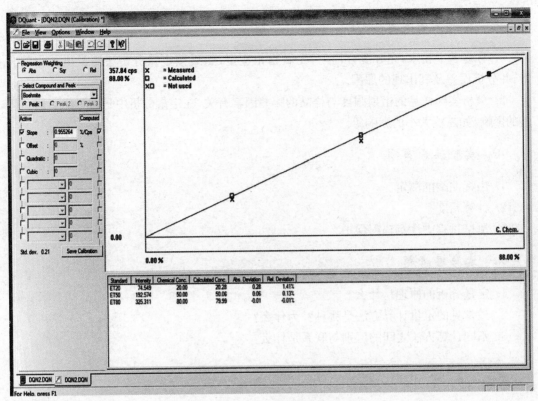

图 2-7　定标曲线

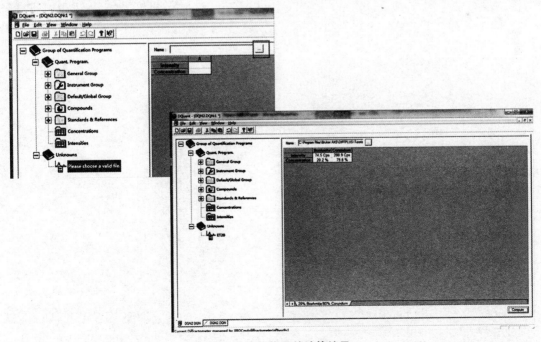

图 2-8　未知样品的计算结果

六、实验报告要求

1. 称量若干粉末,充分混合均匀,先做物相鉴定,然后按定量分析法测量出各相的含量,并分析误差及其出现的原因。

2. 分析实际样品的衍射强度与样品的哪些因素有关,在定量分析中是否考虑了这些因素的影响,如晶粒大小的影响等。

七、实验注意事项

1. 内标曲线的测定。

2. 计算精度。

3. 测试过程中注意辐射保护。

八、实验思考题

1. 定量分析的原理是什么?

2. 最常见的定量计算方法是哪种?为什么?

3. 不同计算方法之间的区别与联系是什么?

实验3　X射线衍射织构测定

一、实验目的

1. 掌握材料织构的 X 射线衍射测量方法。
2. 学会分析极图、反极图和三维取向分布函数(简称 ODF)。

二、实验内容

利用衍射仪的极图附件测量并绘制试样的反射极图,确定其织构指数。

三、实验仪器设备与材料

X 射线衍射仪:Bruker-AXS D8 Advance(图 1-1),织构装置(尤拉环装置,图 3-1);织构试样。

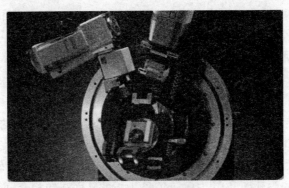

图 3-1　尤拉环装置

四、实验原理

多晶体在其形成过程中,由于受到外界的力、热、电、磁等各种不同条件的影响,多晶体中的各晶粒呈现出或多或少的统计不均匀分布(取向几率分布不同),这种现象叫做择优取向,这种组织结构称之为织构。

织构是晶粒取向明显偏离随机分布状态,导致宏观性能的各向异性。材料在物理冶金过程中普遍存在的现象,如铸造织构、形变织构、再结晶织构、生长织构和相变织构等,它对性能产生重要影响如:超深冲钢板形成 $\{111\}$ 面织构提高成型性。马口铁镀锡层的耐腐蚀性能是各向异性:$(010) > (110) > (011) > (100)$,要控制形成 (010) 织构;高温超导体 $YBa_2Cu_3O_{7-x}$ 的超导特性 (001) 面,也即 ab 面能承载大的电流密度,应制备这种 (001) 强织构超导材料等。

极图表示法:表示出织构的强弱及漫散程度。晶体在三维空间中取向分布用极射赤面投影表示称为极图。极图分正极图和反板图。正极图表示法是把多晶体中每个晶粒的某一低指数晶面(hkl)法线的极点(法线与投影球交点),进行极射赤面投影(投影面由轧向 RD 与横向 TD 组成)的空间取向分布来表示多晶体中全部晶粒的空间方位。三维空间取向分布函数(ODF)表示法确切、定量地表示出织构的内容,还能从织构内容计算材料的各种性能。

把单个晶胞放在投影球的球心,将其他各个晶面$\{hkl\}$法线极点,投影到赤道平面上,便构成了标准投影图(图 3-2)。

这些特定晶面常用低指数晶面,如立方晶系中常用(001)、(110)、(111)、(112)、(113)等各个晶面法线标准投影图中心,构成了(001)、(110)、(113)等标准投影图,标准投影图用于标定极图织构。

反极图定义为被测多晶材料各晶粒的平行某特征外观方向的晶向在晶体学空间中几率分布的极射赤道平面投影图,反极图最适合于表示丝织构。

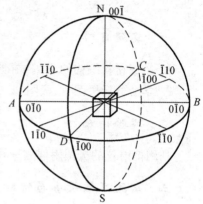

图 3-2　标准投影图

板织构材料的特征外观方向(轧向、横向、轧面法向)需作三张反极图(轧向反极图,轧面法向反极图,横向反极图),它们分别表示了三个特征外观方向的晶向在晶体学空间的几率分布。

在每张反极图上,分别表明了相应的特征外观方向的极点分布。不同晶系,反极图形状有所不同,由于晶体有对称性,标准投影图可以划分为若干个晶向等效区。

立方晶系对称性高,标准投影图中以<001>、<101>和<111>三族晶向为顶点,已足以表示出所有方向。正交晶系只需取投影图的一个象限即可表示。

材料的板织构类型是用尝试法、从分立的三张反极图中来判定的,但有些板织构类型难于用反极图作出判断,有时可能引起误判、漏判。

Bunge ODF 表示法设 O-XYZ 固定安装在板状试样上,三个坐标轴分别与板试样三个特征外观方向,即 OX 为轧向,OY 为横向,OZ 为板的轧面法向相合,而在多晶材料中,每个晶粒上固定的 O-ABC 坐标架相对于表示材料特征外观方向的坐标架 O-XYZ 的欧拉角($\psi_1 \Phi \psi_2$),作为该晶粒在空间的取向参数,再以此坐标轴 O-$\psi_1 \Phi \psi_2$ 建立一直角坐标架,形成取向空间(欧拉空间)。

任一晶粒的取向相应于欧拉空间中的一点,此点坐标即为($\psi_1 \Phi \psi_2$),组成多晶材料的各取向晶粒均相应于欧拉空间中的对应点,这就组成该多晶材料的晶粒取向分布。

测定极图需用织构附件,它可使试样转动 Chi 角和 Phi 角,沿试样表面作积分平移。测完整极图需用反射法(Schulz 法)和透射(Decker 法)结合测得(因衍射几何关系)。

测织构时 X 光管常用点焦斑,狭缝用准直光栏或多道管,大开口接收狭缝,以满足入射束光强大统计性好和减少散焦强度损失。

测定时探测器固定角,试样转动每一个 Chi 角 5°,试样绕自身表面法线以 Phi 角为 5°间隔转 360°,使衍射环逐段扫过探测器狭缝,以探测试样中取向晶粒的空间方位和衍射强度分布。

空间衍射强度分布不只反映了试样内部取向晶粒分布唯一信息,还包含着测量过程中各种物理和几何因素的综合作用,必须去伪存真,对透射法和反射法测量探测的衍射强度分布各种效应进行校正,使校正后的强度值正比于极点密度分布。将极点密度分布标定到极式网上,联接等值线(等强线)即构成极图。

五、实验方法和步骤

1. 实验方法

1)试样制备。试样材质为纯铝板材或纯铜板材,经冷轧和稳定处理后,切取试样尺寸为 15 mm×15 mm 的方形试样,试样厚度为板材厚度。用电解抛光方法除去表面应力层,用记号笔标记好轧向。

2)织构测试步骤:

(1)织构测量需要用点光源。织构的测量可以直接使用点光源和准直管。通常使用 1 mm 的准直管,去掉入射和衍射光路里面的所有轴向索拉狭缝。

(2)使用探测器一维模式测量样品的全谱,目的是确定各个衍射峰的峰位,由于样品中化学组成和应力的存在,样品的衍射峰可能不是在理论峰位。将测得的衍射谱中各个峰位的位置及其晶面指数单独记录成表,对于立方晶系,织构分析需要至少三个晶面的极图,而六方织构至少需要 5 张极图。

(3)极图测量的编辑使用的是 Wizard,在测量界面中,点击左上角的 Wizard 图标,然后在 Wizard 菜单目录下选择 New,选择第二项 Texture。进入 Texture 的编辑界面(图 3-3)。

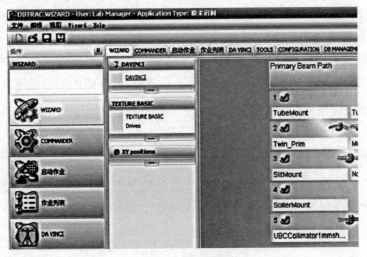

图 3-3 编辑界面

(4)首先编辑 DAVINCI 界面,设定探测器的电压和电流(图 3-4)40 kV、40 mA,然后逐一设定入射和衍射光路配置。

在极图的测量中,衍射光路的选择可以有三种方式:

① 0 维探测器和狭缝光路,选择这种光路时,我们可以选择 6 mm 的防散射狭缝(后置 twin 或固定狭缝)和 2 mm 的探测器开口(探测器 0 维模式)。此光路要进行散焦和背底修

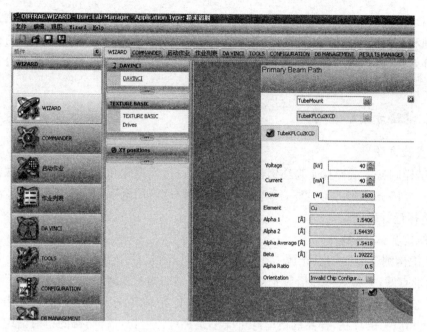

图 3-4   探测器的电压和电流设定

正。适用于衍射峰分开比较明显,峰和峰的衍射强度在高 Chi 倾角互不影响的情况,同时要求样品没有残余应力。

②0 维探测器和长索拉光路,选择这种光路时,我们使用长索拉狭缝和 0 维探测器开口全开。此光路要求进行散焦和背底修正。适用于衍射峰距离很近,峰和峰的衍射强度在高 chi 倾角互相影响的情况,同时要求样品没有残余应力。

③1 维探测器光路,使得探测器在每一个样品取向上获得衍射峰的全谱。此光路测量避免了散焦和背底修正。但要求衍射峰分开比较明显,峰和峰的衍射强度在高 Chi 倾角互不影响,而样品可以存在一定的残余应力。第三种模式是我们尽量采用的。

(5) 设定 Texture 中的参数(图 3-5)。

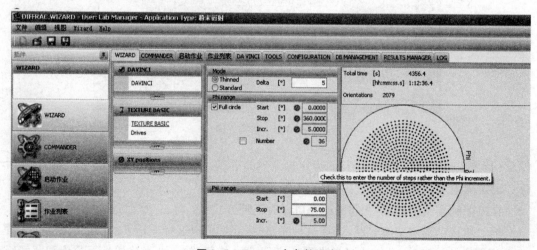

图 3-5   Texture 中参数设定

① 选择 Thin mode，此模式可以减少测量的数据点，节约测量时间，Phi 扫描范围是 0°～360°，Incr5°。

② Chi 的 Incr 选择 5°，起始角为 0°，中止角通常是 75°。

③ 在下面的测量参数中设定衍射峰的 2Theta 角，以及每步的停留时间；同时可以设定多个晶面极图的测量参数。

④ 下一个界面的 Drive Position 通常不需要设。

（6）设定好测量参数后在 Wizard 的目录下点 Save 保存测量脚本文件（图 3-6），然后在 Start Job 里面选择刚刚保存的文件和设定原始数据文件名。点击开始，仪器测量数据。

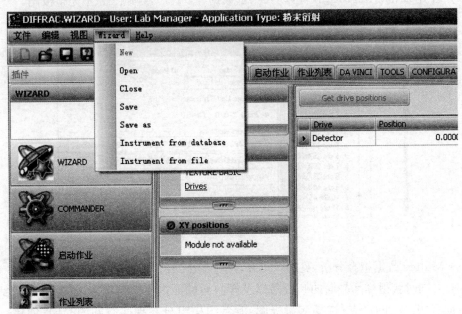

图 3-6　仪器测量数据

2. 极图分析步骤与示例

极图是标明试样轧面法向（N.D.）、轧向（R.D.）和横向（T.D.），以极密度等高线表示试样中各晶粒某{HKL}晶面在空间取向分布的极射赤面投影图。投影面为由试样表面（R.D.）和（T.D.）确定。极图分析要将极图与相应标准极图相对比，分析出试样中的晶粒有哪些织构类型（hkl）[uvw]。

根据被测试样的晶系（对非立方系还要根据轴比）选择标准投影图（hkl）如（100）。

根据测量的（hkl）极图如{111}。从标准投影图（hkl）如（100）上，找出标准投影图上衍射晶面族{hkl}如{111}的极点。

极图与标准投影图对中转动，使两者{hkl}极点如{111}重合为止。此时标准投影图的中心和垂直指向给出了织构类型（001）[$\bar{1}00$]。否则，另选其他标准投影图按上述操作。

如此反复，直到分析出所有可能织构类型。

注意：同一试样中，相同织构类型用不同极图表示其外表形态不同；要深刻理解极图和标准投影图概念。

Multex 软件主窗口被分成 7 个部分：

- Title bar
- Menu bar
- View bar
- Application bar
- Task manager
- Parameter console
- Status bar

(1) 打开 Bruker texture 软件，读入测量数据(图 3-7)，绘制三张不完整极图。

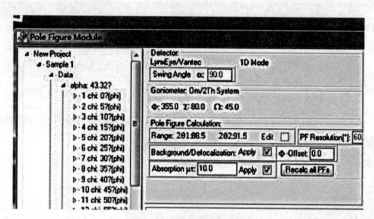

图 3-7 读入测量数据

(2) Multex 数据拟合分析，见图 3-8 所示。

(3) 可同时获得样品晶面的倾斜角以及倾斜角的面内取向。点击织构组件：看到真实空间取向和极图上的极点；选择测量极图：看看织构组分在现实空间的晶向；创建一个报告，完成分析，见图 3-9 所示。

六、实验报告要求

1. 选择一种加工态合金，按实验步骤测量 3 个极图，分别绘制出完整极图、ODF 截面图，并分析出该试样的织构种类。

2. 说明试样中起主要作用的织构是哪种类型的织构以及对材料性能的影响。

七、实验注意事项

实验过程中注意辐射防护；试样极图测试过程较复杂，软件分析繁琐，应细心对待。

八、实验思考题

1. 织构的分类与表征。

2. 织构测定的方法有哪些？各自特点是什么？

3. XRD 测定的织构与 EBSD 测定的织构有何区别？

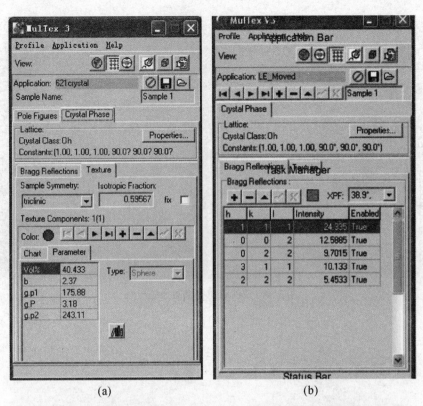

(a)　　　　　　　　　　　　(b)

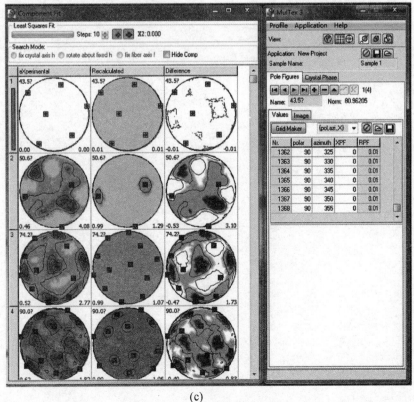

(c)

图 3-8　数据拟合

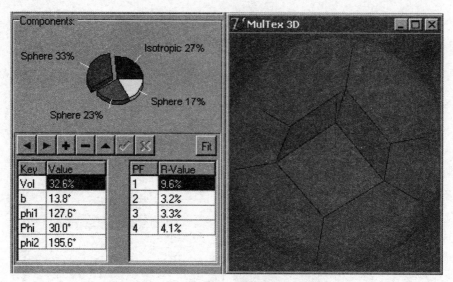

图 3-9　空间取向和极图上的极点

实验 4　宏观残余应力的 X 射线衍射测量

一、实验目的

1. 了解金属材料残余应力的种类。
2. 掌握 X 射线衍射法测量金属材料表面残余应力的原理和实验方法。

二、实验内容

测定金属材料表面残余应力。

三、实验仪器设备与材料

X 射线衍射仪:Bruker-AXS D8 Advance(图 1-1);Leptos S 分析软件;应力试样。

四、实验原理

有关宏观应力或残余应力的测定方法较多,根据其测试过程对工件的影响程度可分为:有损检测和无损检测两大类,有损检测主要通过钻孔、开槽或剥层等方法使宏观应力释放,再用电阻应变片测量应变,利用应力与应变的关系算出残余应力;无损检测则是通过超声、磁性、中子衍射、X 射线衍射等方法测定工件中的残余应变,再由应变与应力的关系求得应力的大小。一般情况下残余应力的测定均采用无损检测法进行,并由 X 射线的衍射效应来区分应力种类,测定应力大小。X 射线衍射法的测定过程快捷准确,方便可靠,因而备受重视,现已获得广泛应用。

当工件中存在宏观应力时,应力使工件在较大范围内引起均匀变形,即产生分布均匀的应变,使不同晶粒中的衍射面 HKL 的面间距同时增加或同时减小,由布拉格方程 $2d\sin\theta = n\lambda$ 可知,其衍射角 2θ 也将随之变化,具体表现为 HKL 面的衍射线朝某一方向位移一个微小角度,且残余应力愈大,衍射线峰位位移量就愈大。因此,峰位位移量的大小反映了宏观应力的大小,X 射线衍射法就是通过建立衍射峰位的位移量与宏观应力之间的关系来测定宏观应力的。具体的测定步骤如下:

(1) 分别测定工件有宏观应力和无宏观应力时的衍射花样;

(2) 分别定出衍射峰位,获得同一衍射晶面所对应衍射峰的位移量 $\Delta\theta$;

(3) 通过布拉格方程的微分式求得该衍射面间距的弹性应变量;

(4) 由应变与应力的关系求出宏观应力的大小。

因此,建立衍射峰的位移量与宏观应力之间的关系式成了宏观应力测定的关键。如何导出这个关系式呢? 推导过程较为复杂,需要适当简化,为此提出下列假设。

1) 单元体表面无剪切应力

一般情况下,残余应力的状态非常复杂,应力区中的任意一点通常处于三维应力状态。

在应力区中取一单元体(微分六面体),共有六个应力分量,如图 4-1(a)所示,分别为垂直于单元体表面的三个正应力 σ_x、σ_y 与 σ_z 和垂直于表面法线方向的三个切应力 τ_{xy}、τ_{yz} 与 τ_{zx},由弹性力学理论可知,通过单元体的取向调整,总可找到这样的一个取向,使单元体表面上的切应力为零,这样单元体的应力分量就由六个简化为三个,此时,三对表面的法线方向称为主方向,相应的三个正应力称为主应力,分别表示为:σ_1、σ_2、σ_3。见图 4-1(b),下面的推导分析就是在这种简化后的基础上进行的。

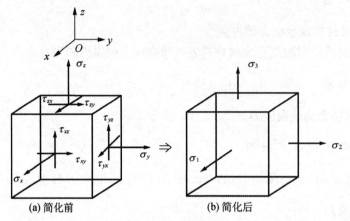

(a) 简化前　　　　　　　　　　　(b) 简化后

图 4-1　单元体的应力状态

2) 所测应力为平面应力

由于 X 射线的穿透深度非常有限,仅在微米量级,且内应力沿表面的法线方向变化梯度极小,因此,可以假设 X 射线所测的应力为平面应力。

为了推导应力计算公式,需建立坐标系,如图 4-2 所示,坐标原点为 O,单元体上的三个主应力 σ_1、σ_2、σ_3 的方向分别为三维坐标轴的方向;对应的主应变为 ε_1、ε_2、ε_3。设待测方向为 OA,待测方向上的衍射面指数为 HKL,待测应力和应变分别为 σ_ψ 和 ε_ψ。物体表面的法线方向 ON 与待测方向 OA 所构成的平面为测量平面。待测应力在坐标平面内的投影为 σ_ϕ,σ_ϕ 方向与 σ_1 的夹角为 ϕ,待测方向与试样表面法线方向的夹角为 ψ。

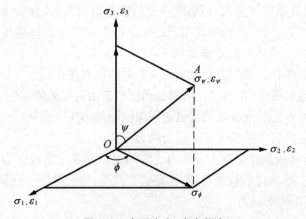

图 4-2　表层应力、应变状态

由应力与应变之间的关系：

$$\begin{cases} \varepsilon_1 = \dfrac{1}{E}\left[\sigma_1 - \nu(\sigma_2 + \sigma_3)\right] \\[2mm] \varepsilon_2 = \dfrac{1}{E}\left[\sigma_2 - \nu(\sigma_3 + \sigma_1)\right] \\[2mm] \varepsilon_3 = \dfrac{1}{E}\left[\sigma_3 - \nu(\sigma_1 + \sigma_2)\right] \end{cases} \tag{4-1}$$

由于 X 射线测量的是平面应力，故 $\sigma_3 = 0$，此时式(4-1)简化为

$$\begin{cases} \varepsilon_1 = \dfrac{1}{E}\left[\sigma_1 - \nu\sigma_2\right] \\[2mm] \varepsilon_2 = \dfrac{1}{E}\left[\sigma_2 - \nu\sigma_1\right] \\[2mm] \varepsilon_3 = \dfrac{1}{E}\left[-\nu(\sigma_1 + \sigma_2)\right] \end{cases} \tag{4-2}$$

由弹性力学可得

$$\begin{cases} \sigma_\psi = \alpha_1^2\sigma_1 + \alpha_2^2\sigma_2 + \alpha_3^2\sigma_3 & \tag{4-3} \\[2mm] \varepsilon_\psi = \alpha_1^2\varepsilon_1 + \alpha_2^2\varepsilon_2 + \alpha_3^2\varepsilon_3 & \tag{4-4} \end{cases}$$

其中 α_1、α_2、α_3 为待测方向的方向余弦，大小分别为：$\alpha_1 = \sin\psi\cos\phi$、$\alpha_2 = \sin\psi\sin\phi$、$\alpha_3 = \cos\psi$。

由式(4-2)和方向余弦代入式(4-4)并化简得

$$\varepsilon_\psi = \frac{\sin^2\psi}{E}(1+\nu)(\sigma_1\cos^2\phi + \sigma_2\sin^2\phi) - \frac{\nu}{E}(\sigma_1 + \sigma_2) \tag{4-5}$$

由于考虑的是平面应力，此时 $\psi = 90°$，即 $\alpha_1 = \cos\phi$、$\alpha_2 = \sin\phi$、$\alpha_3 = 0$，分别代入式(4-3)得

$$\sigma_\psi = \sigma_\phi = \sigma_1\cos^2\phi + \sigma_2\sin^2\phi \tag{4-6}$$

将式(4-6)代入式(4-5)得

$$\varepsilon_\psi = \frac{\sin^2\psi}{E}(1+\nu)\sigma_\phi - \frac{\nu}{E}(\sigma_1 + \sigma_2) \tag{4-7}$$

将式(4-7)两边对 $\sin^2\psi$ 偏导得

$$\frac{\partial\varepsilon_\psi}{\partial\sin^2\psi} = \frac{1+\nu}{E}\sigma_\phi \tag{4-8}$$

因为 $\varepsilon_\psi = \dfrac{d_\psi - d_0}{d_0}$，式中 d_ψ 和 d_0 分别表示待测方向上的衍射面 HKL 在有和没有宏观应力时的面间距。

由布拉格方程两边变分推得：$\dfrac{\Delta d}{d} = -\cot\theta \cdot \Delta\theta$

则

$$\varepsilon_\psi = \left(\frac{\Delta d}{d}\right)_\psi = -\cot\theta_0 \cdot \Delta\theta_\psi \cdot \frac{\pi}{180} = -\cot\theta_0 \cdot \frac{2\Delta\theta_\psi}{2} \cdot \frac{\pi}{180}$$

$$= -\cot\theta_0 \cdot \frac{2\theta_\psi - 2\theta_0}{2} \cdot \frac{\pi}{180} \tag{4-9}$$

式中：$2\theta_\psi$ 和 $2\theta_0$ 分别为待测方向上的衍射面 HKL 在有和没有宏观应力时的衍射角。

由式(4-9)代入式(4-8)化简得：

$$\sigma_\phi = -\frac{E}{2(1+\nu)} \cdot \cot\theta_0 \cdot \frac{\partial(2\theta_\psi - 2\theta_0)}{\partial \sin^2\psi} \cdot \frac{\pi}{180} \tag{4-10}$$

即

$$\sigma_\phi = -\frac{E}{2(1+\nu)} \cdot \cot\theta_0 \cdot \frac{\pi}{180} \cdot \frac{\partial(2\theta_\psi)}{\partial \sin^2\psi} \tag{4-11}$$

式(4-11)即为残余应力与衍射峰峰位位移量之间的重要关系式，也是残余应力测定的基本公式。

设 $K = -\dfrac{E}{2(1+\nu)} \cdot \cot\theta_0 \cdot \dfrac{\pi}{180}$，$M = \dfrac{\partial(2\theta_\psi)}{\partial \sin^2\psi}$，式(4-11)简化为

$$\sigma_\phi = K \cdot M \tag{4-12}$$

显然，K 恒小于零，所以当 $M > 0$ 时，$\sigma_\phi < 0$，此时衍射角增加，面间距减小，表现为压应力；反之，$M < 0$ 时，面间距增加，表现为拉应力。K 又称为应力常数，主要取决于材料的弹性模量 E、泊松比 ν 和衍射面 HKL 在没有残余应力时的衍射半角 θ_0，一般情况下可直接查表获得。残余应力是存在于材料中并保持平衡着的内应力，对具体的材料而言，残余应力为一常数，由式(4-12)可知 M 也为常数，再由 $M = \dfrac{\partial(2\theta_\psi)}{\partial \sin^2\psi}$ 可知 M 应为 $2\theta_\psi - \sin^2\psi$ 曲线的斜率。因为 M 为常数，故 $2\theta_\psi - \sin^2\psi$ 曲线为直线。因此，残余应力的测定只需通过测定 $2\theta_\psi - \sin^2\psi$ 直线，获得其斜率 M，再查表获得应力常数 K 即可求得 σ_φ。

五、实验方法和步骤

1. 实验步骤

选择 Coupled two theta/Theta 扫描模式，例如为 35°至 130°，步长为 0.02°/step，每步时间 0.15。从衍射谱中找到衍射峰位靠后而且较强的峰，确定扫描范围。（注：应力测量应该

用高角度的衍射峰,越高越好)

2. 在 XRD Wizard 中进行测试参数设置

(1) 打开 XRD Wizard 软件,点击 New→Stress 在出现的界面上(图 4-3),如果没有需要改的参数,点击 OK 即可。

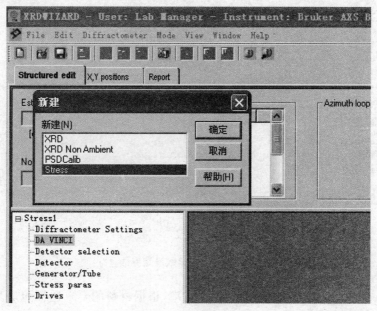

图 4-3　Wizard 软件

(2) 在达芬奇界面上(图 4-4),前置 Twin 选择狭缝光路 0.5°;后置 Twin 选择固定5.8 mm 开口;探测器可以选择一维固定扫描(Fixed scan)或连续扫描,取决于衍射峰的宽度。

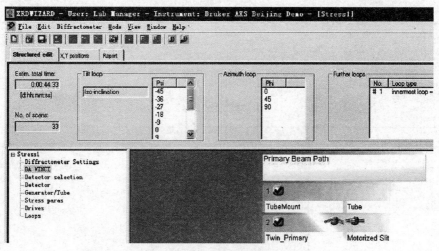

图 4-4　达芬奇界面

(3) 在 Detector selection 上选择 PSD LYNXEYE,PSD electronic window 选择 Use default(图 4-5)。

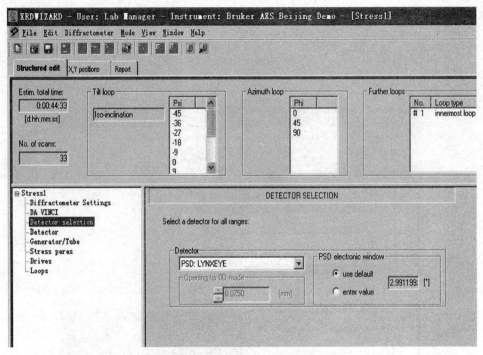

图 4-5　仪器参数设定界面

（4）Detector 界面设定探测器的能量分辨率，根据材料的要求选择能量窗口，例如 Cu 靶 Fe 样品选择 0.18 下限（图 4-6）。

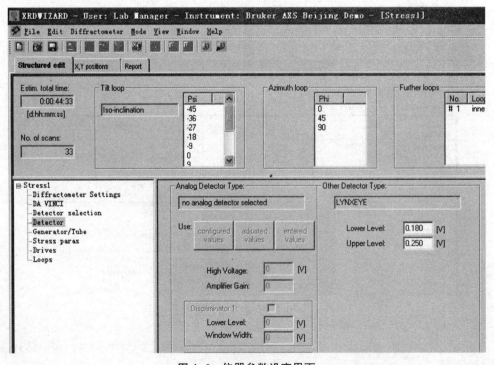

图 4-6　仪器参数设定界面

(5) Generator 界面设定电压和电流(40 kV 和 40 mA)(图 4-7)。

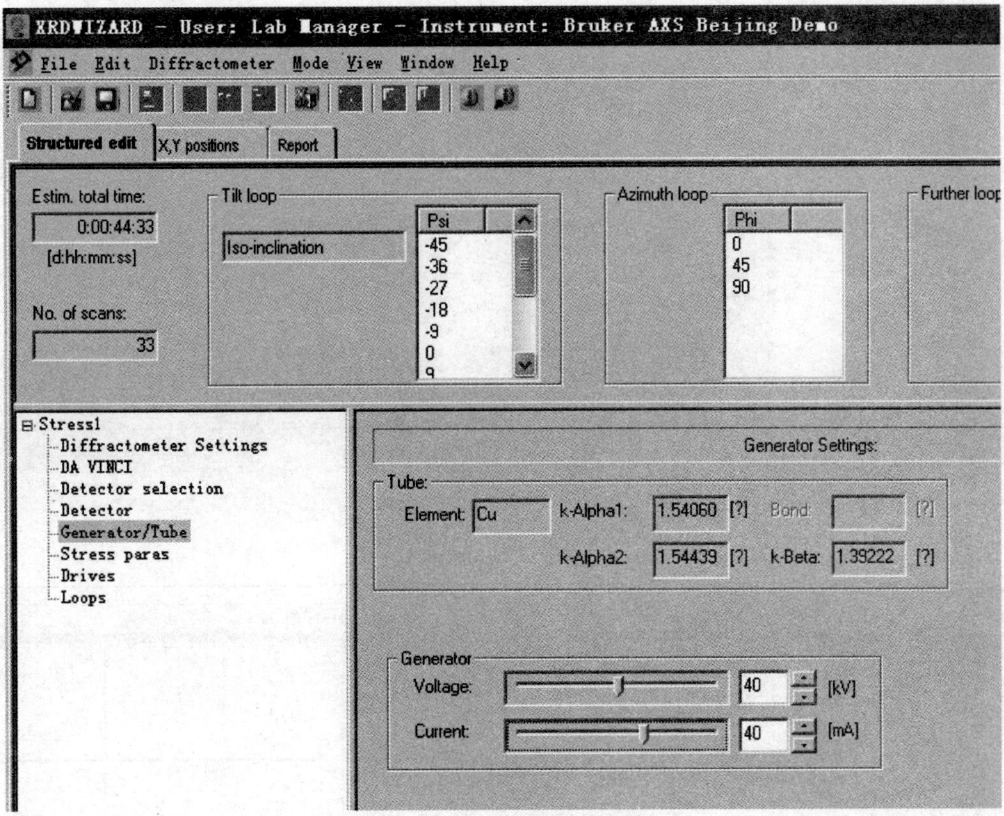

图 4-7 电压电流设定

(6) 在 Scan type 界面上,首先设定测量的角度范围、步长以及每步时间;Mode 选择 Side-inclination 测量方式。分别设定 Chi 倾斜范围一般设定 Start 从 0°开始,Stop 设为 45°,即样品的倾斜角度为 0°~45°,选择 Increment 为 9°,即每隔 9°进行一次数据采集;设定 Phi 轴角度,对于非各向异性的应力样品一般设置 Start 为 0°,Stop 为 180°,Increment 为 180°,即只在 0°及 180°进行测试(图 4-8)。

(7) 设定完毕后将设置测量脚本存为 bsml 格式。例如存为 Fe-211-stress.bsml。在 Start job 测量界面中调入 Bsml,设定数据名称,点击 Start 开始应力测试。

3. 残余应力分析

残余应力分析软件:Leptos S

(1) 打开 Leptos S>Stress>New stress or Click create stress Appear stress object。

(2) Import *.raw。

(3) Reduction/Fit(选中分析样品有关的参数):Material,HKL,Wavelength,E,v,S1, 1/2S2,Arx。

(4) Correct(对原始衍射谱线进行数据处理,如数据标准处理,寻峰方法选择等): 如图 4-9 所示。

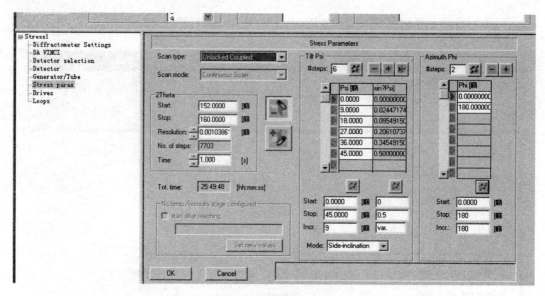

图 4-8　测量参数设定

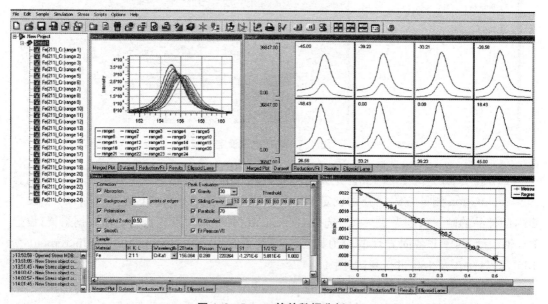

图 4-9　Leptos 软件数据分析

（5）Stress Evaluation。

（6）Results＞选 Stress model：Normal，Normal＋Shear，Biaxial，Biaxial＋Shear，Triaxial。

（7）Result，as save 如图 4-10、图 4-11 所示。

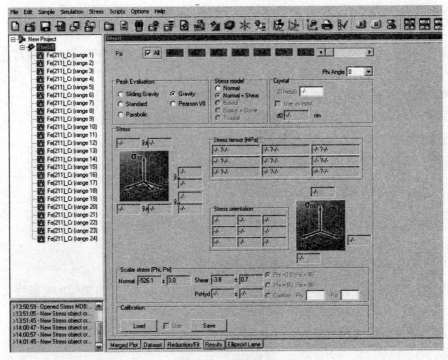

图 4-10　数据处理

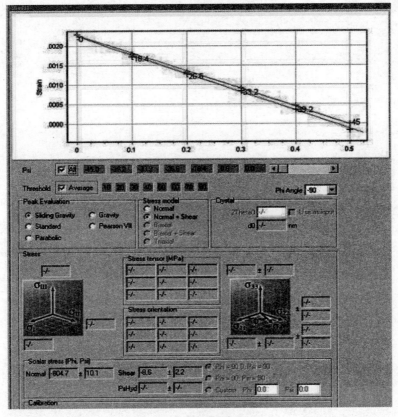

图 4-11　数据处理及保存

六、实验报告要求

1. 简述宏观应力测定的基本原理及所用设备在应力测定状态下的衍射几何特点。

2. 写出测试报告,包括:

试样:名称、材料牌号、冷热加工过程及热处理状态。

测试条件:光源、所测衍射面、衍射测量各参数。

测量数据:列表给出 $0°\sim45°$ 法及 $\sin^2\psi$ 法的计算结果。

3. 实验的体会。

七、实验注意事项

测量时注意辐射防护,对两点法与多点法的本质差异应有清晰认识。

八、实验思考题

1. 选择一种加工态金属材料,测量样品的残余应力,根据测量结果写出实验报告。

2. 简单说明残余应力的分类以及对材料性能的影响。

3. 两点法与多点法的本质差异是什么?

实验 5 X 射线衍射淬火钢中残余奥氏体测定

一、实验目的

1. 熟悉用 X 射线衍射方法进行残余奥氏体测定的基本原理和步骤。
2. 了解如何对已测试好的钢试样谱线进行分析,计算试样的残余奥氏体含量。

二、实验内容

测量热处理试样中残余奥氏体的含量。

三、实验仪器设备与材料

X 射线衍射仪:Bruker-AXS D8 Advance(图 1-1);1 050 ℃油淬 GCr15 试样(试样尺寸 20 mm×20 mm×5 mm)。

四、实验原理

根据 X 射线衍射原理,某物相的 X 射线衍射线累积强度随该相在试样中的相对含量的增加而提高,钢中残余奥氏体的测定不用外标或内标物质,而是通过直接对比法测定,以待测试样中两相或三相的衍射线强度直接对比来进行定量(图 5-1),实际是以马氏体衍射线和残余奥氏体衍射线的积分强度来进行定量分析的。马氏体相及奥氏体相衍射线的累积,代入公式计算钢中残余奥氏体的体积分数。

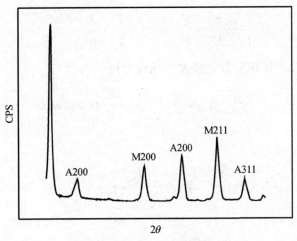

CPS

A200   M200   A200   M211   A311

2θ

图 5-1 衍射谱图示意图

若设待测试样中含 n 个物相,各相的体积分数为 V_A,试样无织构且均匀,用 X 射线衍射仪测定衍射强度：

$$I_i = \frac{1}{32\pi R} I_0 \frac{e^4 \lambda^3}{m^2 c^4 V_0^2} V F_{HKL}^2 P\phi(\theta) \cdot e^{-2M} \frac{1}{2\mu_l} \tag{5-1}$$

式中：P——有关晶面的多重性因子；

e^{-2M}——温度因子；

I_i——衍射线单位长度的积分强度；

I_0——入射线强度；

λ——入射线波长；

R——衍射仪的圆周半径；

e,m,c——物理常数；

V_0——晶胞体积；

θ——半衍射角；

F_{HKL}^2——结构因子；

V——辐照体积；

μ_l——线吸收系数。

令

$$C = \frac{1}{32\pi R} I_0 \frac{e^4 \lambda^3}{m^2 c^4 V_0^2} \cdot \frac{1}{2} \tag{5-2}$$

$$K_i = \frac{1}{V_0^2} F_{HKL}^2 P\phi(\theta) \cdot e^{-2M} \tag{5-3}$$

因此得

$$I_i = C K_i \frac{V_i}{\rho \sum_{i=1}^{n} W_i (\mu_m)_i} \quad i = 1, 2, 3, \cdots, n$$

用其中一个方程去除各个方程得：

$$\frac{I_i}{I_j} = \frac{K_i}{K_j} \cdot \frac{V_i}{V_j} \rightarrow V_i = \frac{I_i}{I_j} \cdot \frac{K_j}{K_i} \cdot V_j,$$

因所有 n 个物相的体积分数之和为 1，所以可得：

$$\sum_{i=1}^{n} V_i = \sum_{i=1}^{n} \frac{I_i}{I_j} \cdot \frac{K_j}{K_i} \cdot V_j = 1 \tag{5-4}$$

可得

$$V_j = \frac{\dfrac{I_j}{K_j}}{\sum_{i=1}^{n} \dfrac{I_i}{K_i}} \tag{5-5}$$

对应淬火钢残余奥氏体测定时，习惯上令 $G = \dfrac{K_A}{K_M}$，称之为 G 因子。

若钢中只含马氏体和残余奥氏体两相时，$V_A + V_M = 1$，残余奥氏体体积分数计算公式为：

$$V_A = \frac{1}{1 + G\dfrac{I_{M(hkl)i}}{I_{A(hkl)j}}} \tag{5-6}$$

若钢中还含有体积分数为 V_C 的碳化物，则 $V_A + V_M + V_C = 1$，残余奥氏体体积分数公式变为：

$$V_A = \frac{I_A K_M K_C}{I_A K_M K_C + I_M K_A K_C + I_C K_A K_M} \tag{5-7}$$

若从定量金相或其他方法预先知道了碳化物的体积分数 V_C，则 $V_A + V_M = 1 - V_C$，残余奥氏体计算公式为：

$$V_A = \frac{1 - V_C}{1 + G\dfrac{I_{M(hkl)i}}{I_{A(hkl)j}}} \tag{5-8}$$

式中：V_A——钢中奥氏体相的体积分数；

　　　V_C——钢中碳化物相总量的体积分数；

　　　$I_{M(hkl)i}$——钢中马氏体 $(hkl)_i$ 晶面衍射线的累积强度；

　　　$I_{A(hkl)j}$——钢中奥氏体 $(hkl)_j$ 晶面衍射线的累积强度；

　　　G——奥氏体 $(hkl)_j$ 和马氏体 $(hkl)_i$ 晶面所对应的强度有关因子之比，是 $G_{A(hkl)_j}^{M(hkl)_i}$ 的缩写。

$$G = \frac{V_M}{V_A} \cdot \frac{P_{A(hkl)j}}{P_{M(hkl)i}} \cdot \frac{(L \cdot P)_{A(HKL)j}}{(L \cdot P)_{M(HKL)i}} \cdot \frac{e_A^{-2M}}{e_M^{-2M}} \cdot \frac{F_{A(HKL)j}^2}{F_{M(HKL)i}^2} \tag{5-9}$$

式中：$(L \cdot P)$——洛伦兹-偏振因子；

　　　V——试样体积；

　　　M——马氏体相；

　　　A——奥氏体相。

应注意的是：为获得比较准确的相对强度，扫描速度应比较慢，一般为每分钟 $(1/2)°$ 或 $(1/4)°$ 等，当残余奥氏体含量较少时扫描速度要求更慢。

中碳钢淬火后残余奥氏体量极少，如无高灵敏度的设备和专门的技术，测定将难以成功。初学者为了掌握测定方法，可选择合适的钢种及热处理条件，以获得较高含量的残余奥氏体（而且物相比较简单）。

五、实验方法和步骤

1. 实验步骤

(1) 开机步骤同实验 1 中的开机步骤①～⑥。

(2) 将处理过的试样放置于试样台上。

(3) 按要求设定仪器相关参数，初级 Twin opitcs 设为 0.5°发散度，次级的 Twin opitcs

选择 Fixed mm，并设定为 5.8 mm。电压 40 kV，电流 40 mA，扫描步长：0.002°/step，每步时间 1 s，Soller 狭缝选 2.5°，选择 Coupled Two theta/Theta，扫描范围 35°～105°，点击开始，即开始测试。

（4）测试结束，保存实验数据，取回实验样品，将电压电流分别降至 20 kV、5 mA。

2. 分析方法

奥氏体测算：根据实验所得衍射图谱，选定作定量分析相的五条衍射峰；六线对法由 M（200），M（211）分别和 A（200），A（220），A（311）组成；

G 因子与结构、成分和波长有关，来自标准理论计算；

将标样衍射数据调入，求积分强度并截入强度；

设定五峰六线对奥氏体含量计算公式，计算未知样含量。

对所选衍射峰做如下组合：M200/A200、M200/A220、M200/A311、M211/A200、M211/A220、M211/A311，计算衍射峰积分强度比 IM200/IA200、IM200/IA220、IM200/IA311、IM211/IA200、IM211/IA220、IM211/IA311（表 5-1）。

表 5-1　衍射峰积分强度比 (G)

M	A		
	(200)	(220)	(311)
(200)	2.46	1.32	1.78
(211)	1.21	0.65	0.87

（1）打开 DQuant 软件，新建"Compounds"。

（2）增加函数模式"右键 New module"，命名为 M200/A200 等等。

（3）右键"Standard & reference＞New standard"，调入测试数据。

（4）分别选择五峰的位置及背底，如图 5-2 所示。

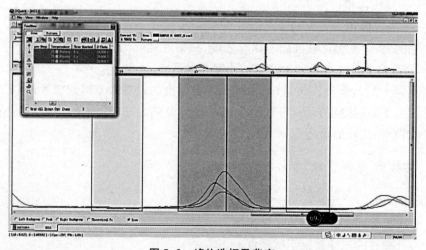

图 5-2　峰位选择及背底

（5）设置好峰位后从数据中读取强度。

（6）查看"Concentrations"。

（7）输入公式，依次算出 M200/A200、M200/A220、M200/A311、M211/A200、M211/A220、M211/A311 对应的 V_A 值，如图 5-3 所示。逐个算出其 V_A 值，取其平均值即为残余奥氏体体积含量百分比。

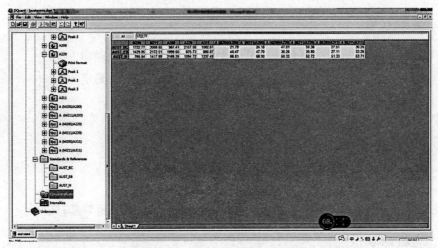

图 5-3　残余奥氏体体积含量计算

六、实验报告要求

1. 简述直接对比法进行物相定量分析的基本原理。

2. 记录试样及测试条件。

3. 记录残余奥氏体测算结果。

七、实验注意事项

测量时注意辐射防护。

八、实验思考题

1. 直接对比法测量钢中残余奥氏体含量时衍射线的选择依据是什么？

2. 测量残余奥氏体的方法有哪些？

实验 6　X 射线衍射晶粒尺寸测定

一、实验目的

1. 学习用 X 射线衍射峰宽化测定微晶大小与晶格畸变的原理和方法。
2. 掌握使用 X 射线衍射分析软件进行晶粒大小和晶格畸变测定。

二、实验内容

测量试样晶粒大小。

三、实验仪器设备与材料

X 射线衍射仪：Bruker-AXS D8 Advance（图 1-1）；Topas 分析软件；试样。

四、实验原理

当材料的晶粒尺寸减小时，参与同一布拉格方向衍射的晶面层数将变少。由衍射的基本原理可以知道，在这种条件下，由各原子面所衍射的 X 射线合成后，在略微偏离 Bragg 角的方向上还会存在一定的强度，从而引起衍射线形的宽化。

造成 X 射线衍射峰的宽化主要有三个因素：仪器宽化（本征宽化）、晶粒细化和微观应变。

由于 X 射线源、接收狭缝、光阑、仪器、试样等实验条件的影响，使得符合布拉格条件的衍射不只有一个点、一条线对应一个 2θ，而是使偏离 2θ 范围内仍有一定的符合布拉格反射的，其衍射强度逐渐降低的衍射存在，这就形成了一定宽度的衍射峰。这个峰即使无晶粒细化，无点阵畸变仍然存在，称之为仪器线形 $G(x)$，对应仪器宽度 b。

由于粉末多晶衍射仪使用的是多晶（粉末）样品，因此，其衍射谱不是由一条一条的衍射线组成，而是由具有一定宽度的衍射峰组成，每个衍射峰都包含了一定的面积。如果把衍射峰简单地看作是一个三角形，那么峰的面积等于峰高乘以一半高处的宽度。这个半高处的宽度称为"半高宽"，英文写法是 FWHM。

由实验测得的衍射曲线经平滑、背底扣除、吸收因子及罗伦兹因子校正、扣除 K_{a2} 射线后得出的衍射峰宽度为 B，包含仪器宽度 b 和物理宽度 β_f。

要计算晶粒尺寸或微观应变，首先是扣背底，再从测量的实际宽度中扣除仪器的宽度，得到晶粒细化或微观应变引起的真实加宽。但是，这种线形加宽效应不是简单的机械叠加，而是它们形成的卷积。

仪器宽化函数 $G(x)$ 和物理宽化函数 $F(x)$，两种因素同时起作用而得到的待测试样的综合实测线形 $H(x)$，根据迭加定律，有卷积关系：

$$H(2\theta) = \int_{-\infty}^{\infty} G(x)F(2\theta - x)\mathrm{d}x \tag{6-1}$$

可用各种近似函数法、傅里叶分析法、方差法等不同方法把 $H(2\theta)$ 解出来,即将 b 从 B 中扣除,其中近似函数法由于简单易行而被广泛应用。

近似函数法是把 $H(x)$、$F(x)$ 和 $G(x)$ 用某种具体的带有待定常数的函数代替,通过 $H(x)$ 和 $G(x)$ 与已经获得的实验曲线拟合来确定其待定常数。代入方程,近似地解出 $F(x)$ 的大小。

衍射线的宽度可以用积分宽度来表示,积分宽度等于峰形面积除以曲线最大值。由卷积关系式可以导出数学关系式:

$$B = \frac{b\beta_f}{\int_{-\infty}^{\infty} G(x)F(x)\mathrm{d}x} \tag{6-2}$$

近似函数法直接假设 $G(x)$、$F(x)$ 线性分别近似满足某种钟形函数,常见的如高斯函数(Gauss) e^{-kx^2},柯西函数(Cauchy) $\dfrac{1}{1+kx^2}$,柯西平方函数 $\dfrac{1}{(1+kx^2)^2}$,然后将选定的钟形函数带入上式中,利用卷积关系求出 B、b、β_f 之间的简单关系式,其中 B、b 可以通过实测曲线测得,这样就可以求出物理宽化积分宽度 β_f。

下面简要介绍几种方法的推导过程:

1. 高斯近似函数积分宽度法

令 $H(x)$、$G(x)$ 均为高斯函数,则 $F(x)$ 也一定是高斯函数,则有

$$B = \frac{b\beta_f}{\int_{-\infty}^{\infty} G(x)F(x)\mathrm{d}x} \Rightarrow B^2 = b^2 + \beta_f^2 \tag{6-3}$$

若通过实验测量,对形变样品和标准样品分别测到衍射线形 $H(x)$、$G(x)$,经 K_{a1} 和 K_{a2} 双线分离后,并计算出它们的积分宽度 B、b 以及半高宽,则由式(6-3)可求出物理宽度 β_f。

2. 柯西近似函数积分宽度法

令 $H(x)$、$G(x)$ 均为柯西函数,则 $F(x)$ 也一定是柯西函数,则由数学关系式 $B = \dfrac{b\beta_f}{\int_{-\infty}^{\infty} G(x)F(x)\mathrm{d}x}$ 可得

$$B = b + \beta_f \tag{6-4}$$

因为晶粒细化和微观应变都产生相同的结果,那么我们必须分三种情况来说明如何分析。

(1) 如果样品为退火粉末,则无应变存在,衍射线的宽化完全由晶粒比常规样品的小而产生。这时可用谢乐方程来计算晶粒的大小。

$$D_{hkl} = \frac{K\lambda}{\beta_f \cos \theta_{hkl}} \qquad (6-5)$$

式中：D_{hkl}——晶块尺寸(nm)；

K—— 常数，一般取 $K = 1$；

λ——X 射线的波长(nm)；

β_f——试样宽化(rad)；

θ——衍射角(rad)。

计算晶块尺寸时，一般采用低角度的衍射线，如果晶块尺寸较大，可用较高衍射角的衍射线来代替。晶粒尺寸在 30 nm 左右时，计算结果较为准确，此式适用范围为 1～100 nm。

(2) 如果样品为合金块状样品，本来结晶完整，而且加工过程中无破碎，则线形的宽化完全由微观应变引起。

$$\varepsilon = \frac{\beta_f}{4\tan\theta} \qquad (6-6)$$

式中：ε—— 微观应变，它是应变量对面间距的比值，用百分数表示；

β_f——试样宽化。

(3) 如果样品中同时存在以上两种因素，需要同时计算晶粒尺寸和微观应变。情况就复杂了，因为这两种线形加宽效应也不是简单的机械叠加，而是它们形成的卷积。使用与前面解卷积类似的公式解出两种因素的大小。由于同时要求出两个未知数，因此靠一条谱线不能完成。因试样中同时存在着微晶与微观应力时，其物理线形 $F(x)$ 应是微晶线形 $c(x)$ 与点阵畸变线形 $S(x)$ 的卷积，即上述卷积方程不能用傅里叶变换方程解，因同时存在时，$c(x)$ 和 $S(x)$ 不能单独测出，傅里叶变换方程系数无法求，故一般用 Hall 法或方差法。

Hall 法：测量两个以上的衍射峰的半高宽 FWHM，由于晶块尺寸与晶面指数有关，所以要选择同一方向衍射面，如(111)和(222)，或(200)和(400)。

$$B = b + \beta_f \Rightarrow \frac{\beta_f \cos \theta}{\lambda} = \frac{1}{D} + \left(\frac{\Delta d}{d}\right)_{平均} \cdot \frac{4\sin \theta}{\lambda} \qquad (6-7)$$

可根据同一面网的各级衍射线求出 β_f，以 $\dfrac{\beta_f \cos \theta}{\lambda} \sim \dfrac{\sin \theta}{\lambda}$ 作图，所得直线之截距的倒数为 D(分离畸变后的晶粒大小)，斜率为 $4\left(\dfrac{\Delta d}{d}\right)$ 即为晶格畸变的百分数。

五、实验方法和步骤

1. 实验步骤

(1) 开机步骤同实验 1 中的开机步骤①～⑥。

(2) 放置好样品，按要求设定仪器相关参数，初级 Twin opitcs 设为 0.5°发散度，次级的 Twin opitcs 选择 Fixed mm，并设定为 5.8 mm。电压 40 kV，电流 40 mA，扫描速度 0.005°/step，每步时间 1 s，Soller 狭缝选 2.5°，选择 Coupled Two theta/Theta，扫描范围

$20°\sim140°$,点击开始,即开始测试。

（3）测试结束,保存实验数据,取回实验样品,将电压、电流降至 20 kV、5 mA,实验结束。

2. 分析方法

打开 Topas 软件,调入标样测量数据,线形拟合,得到仪器宽度相关参数,再调入样品测量数据,全谱拟合扣除仪器宽化等,得到样品晶粒大小和微观应力相关数据,如图 6-1 所示。

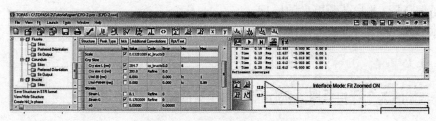

图 6-1　Topas 软件分析界面

六、实验报告要求

1. 简述测量及分析计算过程。

2. 记录实验结果(表 6-1)。

表 6-1　晶粒大小和微观畸变测定结果

试样编号		晶粒大小		畸变大小	

七、实验注意事项

注意测量过程的辐射安全,注意区分晶粒大小和微观应力带来结果的差异。

八、实验思考题

1. X 射线衍射晶粒尺寸测定的原理是什么?

2. X 射线实验方法在现代材料研究中有哪些应用?

实验 7　X 射线衍射涂层厚度测量

一、实验目的

1. 了解 XRD 测量薄膜厚度的原理。
2. 掌握 XRD 测量薄膜厚度的方法。

二、实验内容

测量基体的 X 射线衍射图谱,测定基体涂膜后的衍射图谱。

三、实验仪器设备与材料

X 射线衍射仪:Bruker-AXS D8 Advance(图 1-1);试样。

四、实验原理

　　基体表面镀膜或气相沉膜是材料表面工程中的重要技术,膜的厚度直接影响其性能,故需对其进行有效测量。膜厚的测量是在已知膜对 X 射线的线吸收系数的条件下,利用基体有膜和无膜时对 X 射线吸收的变化所引起衍射强度的差异来测量的。它具有非破坏、非接触等特点。测定过程(图 7-1):首先分别测定有膜和无膜时基体的同一条衍射线的强度 I_0 和 I_f,再利用吸收公式得到膜的厚度:

$$t = \frac{\sin \theta}{2\mu_l} \cdot \ln \frac{I_0}{I_f} \tag{7-1}$$

式中: t—— 薄膜厚度;

　　 I_0、I_f—— 分别为无膜和有膜下的衍射强度;

　　 θ—— 半衍射角;

　　 μ_l—— 为膜的线吸收系数。

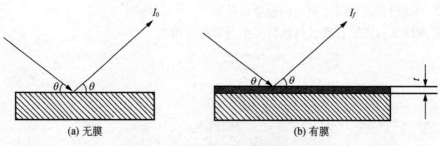

图 7-1　X 射线衍射强度测量膜厚示意图

五、实验方法和步骤

1. 实验步骤

(1) 开机步骤同实验 1 中的开机步骤①～⑥。

(2) 放置好样品,按要求设定仪器相关参数,初级 Twin opitcs 设为 0.5°发散度,次级的 Twin opitcs 选择 Fixed mm,并设定为 5.8 mm。电压 40 kV,电流 40 mA,扫描速度 0.005°/step,每步时间 1 s,Soller 狭缝选 2.5°,选择 Coupled two theta/Theta,扫描范围 20°～120°,点击开始,即开始测试。

(3) 测试结束,保存实验数据,取回实验样品,将电压、电流降至 20 kV、5 mA,实验结束。

2. 分析步骤

(1) 打开 DQuant 软件,新建"Compounds"。

(2) 增加函数模式"右键 New module"。

(3) 右键"Standard & reference＞New standard",调入测试数据。

(4) 分别选择峰的位置及背底。

(5) 设置好峰位后软件自动计算定义好的衍射峰积分强度。分别读出有膜和无膜时基体的同一条衍射线的强度 I_0 和 I_f,如图 7-2 所示。代入公式 $t = \dfrac{\sin\theta}{2\mu_l} \cdot \ln\dfrac{I_0}{I_f}$,计算薄膜厚度。

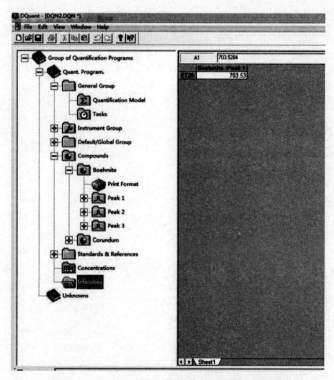

图 7-2　DQuant 分析软件计算衍射积分强度

六、实验报告要求

1. 简述 X 射线衍射仪薄膜厚度测试过程。
2. 记录实验用材料,计算出薄膜厚度。

七、实验注意事项

实验过程中注意辐射防护,试样有膜面拿取时不能用手触碰。

八、实验思考题

1. 薄膜厚度测量有哪些方法?
2. 薄膜厚度测量需要注意的问题有哪些?

实验 8　X 射线衍射结晶度测定

一、实验目的

1. 了解利用 X 射线衍射仪测定结晶度的原理。
2. 掌握测定结晶度的方法。

二、实验内容

利用 X 射线衍射仪测定试样衍射图谱,通过软件拟合来计算试样的结晶度。

三、实验仪器设备与材料

X 射线衍射仪:Bruker-AXS D8 Advance(图 1-1);Topas 分析软件;试样。

四、实验原理

非晶态物质结构的主要特征是质点排列短程有序而长程无序。与晶态一样,非晶态物质的质点近程排列有序,两者具有相似的最近邻关系,表现为它们的密度相近,特性相似。如非晶态金属、非晶态半导体和绝缘体都保持各自的特性。但非晶态物质的远程排列是无序的,次近邻关系与晶态相比不同,表现为非晶态物质不存在周期性,因而描述周期性的点阵、点阵参数等概念就失去了意义。因此,晶态与非晶态在结构上的主要区别在于质点的长程排列是否有序。此外,从宏观意义上讲,非晶态物质的结构均匀,各向同性,但缩小到原子尺度时,结构也是不均匀的;非晶态为亚稳定态,热力学不稳定,有自发向晶态转变的趋势即晶化,晶化过程非常复杂,有时要经历若干个中间阶段。

晶态物质的质点在三维空间呈周期性排列,对 X 射线来说晶态材料好像类似于三维格栅,能产生衍射,通过不同方向上的衍射强度,可计算获得晶态物质的结构图象。而非晶态物质长程无序,不存在三维周期性,难以通过实验的方法精确测定其原子组态。因此,对非晶态的物质结构一般都是采用统计法来进行表征的,即采用径向分布函数来表征非晶态原子的分布规律,并由此获得表征非晶态结构的四个常数:配位数 n、最近邻原子的平均距离 r、短程原子有序畴 r_s 和原子的平均位移 σ。

由于非晶态是一种亚稳定态,在一定条件下可转变为晶态,其对应的力学、物理和化学等性质也随之发生变化,当晶化过程未充分进行时,物质就有晶态和非晶态两部分组成,其晶化的程度可用结晶度来表示,即物质中的晶相所占有的比值:

$$X_c = \frac{W_c}{W_0} \tag{8-1}$$

式中:W_c—— 晶态相的质量;

    W_0—— 物质的总质量,由非晶相和晶相两部分组成;

    X_c——结晶度。

结晶度的测定通常是采用 X 射线衍射法来进行的,即通过测定样品中的晶相和非晶相的衍射强度,再代入公式:

$$X_c = \frac{I_c}{I_c + KI_a} = \frac{1}{1 + KI_a/I_c} \tag{8-2}$$

式中:I_c、I_a—— 分别表示晶相和非晶相的衍射强度;

    K ——常数,它与实验条件、测量角度范围、晶态与非晶态的密度比值有关。

具体的测定过程比较复杂,简要步骤如下:

(1) 分别测定样品中的晶相和非晶相的衍射花样;

(2) 合理扣除衍射峰的背底,进行原子散射因子、偏振因子、温度因子等衍射强度的修正;

(3) 设定晶峰和非晶峰的峰形函数,多次拟合,分开各重叠峰;

(4) 测定各峰的积分强度 I_c 和 I_a;

(5) 选择合适的常数 K,代入公式算得该样品的结晶度。

五、实验方法和步骤

1. 实验步骤

(1) 开机步骤同实验 1 中的开机步骤①～⑥。

(2) 放置好样品,按要求设定仪器相关参数,初级 Twin opitcs 设为 0.5°发散度,次级的 Twin opitcs 选择 Fixed mm,并设定为 5.8 mm。电压 40 kV,电流 40 mA,扫描速度 0.005°/step,每步时间 1 s,Soller 狭缝选 2.5°,选择 Coupled two theta/Theta,扫描范围 20°～90°,点击开始,即开始测试。

(3) 测试结束,保存实验数据,取回实验样品,将电压、电流降至 20 kV、5 mA 实验结束。

2. 分析步骤

(1) 打开 TOPAS,调入数据。

(2) 光源:默认。背底选择多项式 1 级和 $1/x$ 函数。

(3) Corrections 选项,去掉"LP factor"后的"√",即不使用。

(4) 首先,用一个 Peaks Phase 描述非晶漫散峰。插入一个 SPV 函数在非晶峰的最高处。把"Peaks Phase"重新命名为"Amorphous",如图 8-1 所示。

(5) 点击运算符号运行拟合。

(6) 其次,再用一个 Peaks Phase 来描述晶态相。右键 raw 数据文件,点击"Add Peaks Phase",重新命名为"Crystalline";在每个衍射峰的位置手动插入一个 SPV 函数。

(7) 点击运算符号运行拟合,如图 8-2 所示。

(8) 再增加弱衍射峰,最终拟合。

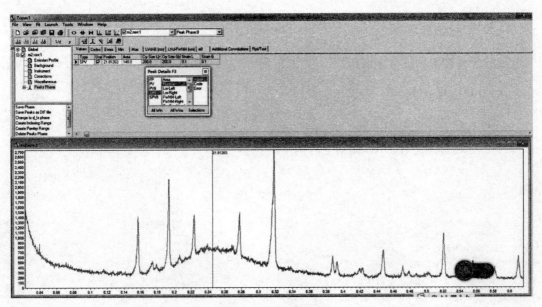

图 8-1　非晶峰拟合

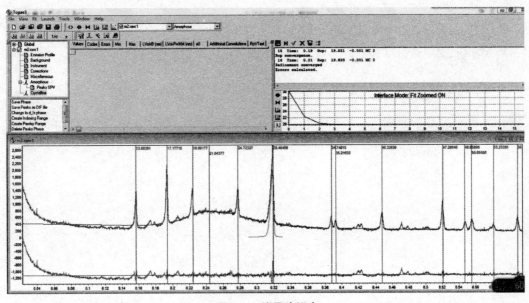

图 8-2　结晶峰拟合

　　（9）点击"Miscellaneous"选项，选择"Degree of crystallinity"：选择非晶相，在"Phases"中，把"Crystalline"后面的"√"去掉。点击"Calculate degree of crystallinity"。

六、实验报告要求

1. 记录实验测得的试样结晶度值。
2. 讨论结晶度对材料性能的影响。

七、实验注意事项

实验操作过程中注意辐射防护。

八、实验思考题

1. 简述结晶与非晶的区别。
2. 晶态与非晶态在 XRD 图谱上有何不同？

实验 9　X 射线衍射晶格常数精确测定

一、实验目的

1. 了解 XRD 测定晶格常数的原理。
2. 掌握晶格常数计算的方法。

二、实验内容

测定晶格常数 a、b、c，练习 Topas 分析软件拟合算出晶格常数的应用。

三、实验仪器设备与材料

X 射线衍射仪：Bruker-AXS D8 advance（图 1-1）；Topas 分析软件；试样。

四、实验原理

测定点阵常数通常采用 X 射线仪进行，测定过程首先是获得晶体物质的衍射花样，即 I-2θ 曲线，标出各衍射峰的干涉面指数（HKL）和对应的峰位 2θ，然后运用布拉格方程和晶面间距公式计算该物质的点阵常数。以立方晶系为例，点阵常数的计算公式为：

$$a = \frac{\lambda}{2\sin\theta}\sqrt{H^2 + K^2 + L^2} \tag{9-1}$$

显然，同一个相的各条衍射线均可通过上式计算出点阵常数 a，理论上讲 a 的每个计算值都应相等，实际上却有微小差异，这是由于测量误差导致的。从上式可知，点阵常数 a 的测量误差主要来自于波长 λ、$\sin\theta$ 和干涉指数（HKL），其中波长的有效数字已达七位，可以认为没有误差（$\Delta\lambda = 0$），干涉指数 HKL 为正整数，$H^2 + K^2 + L^2$ 也没有误差，因此，$\sin\theta$ 成了精确测量点阵常数的关键因素。

$\sin\theta$ 的精度取决于 θ 角的测量误差，该误差包括偶然误差和系统误差，偶然误差是由偶然因素产生，没有规律可循，也无法消除，只有通过增加测量次数，统计平均将其降到最低程度。系统误差则是由实验条件决定的，具有一定的规律，可以通过适当的方法使其减小甚至消除。

在确定了峰位后，即可进行点阵常数的具体测量，常见的测量方法有：外延法、最小二乘法和标准样校正法。

1. 外延法

点阵常数精确测量的最理想峰位在 $\theta = 90°$ 处，然而，此时衍射仪无法测到衍射线，那么如何获得最精确的点阵常数呢？可通过外延法来实现。先根据同一种物质的多根衍射线分别计算出相应的点阵常数 a，此时点阵常数存在微小差异，以函数 $f(\theta)$ 为横坐标，点阵常数为纵坐标，作出 $a\text{-}f(\theta)$ 的关系曲线，将曲线外延至 θ 为 $90°$ 处的纵坐标值即为最精确的点阵常数值，其中 $f(\theta)$ 为外延函数。

由于曲线外延时带有较多的主观性，理想的情况是该曲线为直线，此时的外延最为方便，也不含主观因素，但组建怎样的外延函数 $f(\theta)$ 才能使 $a\text{-}f(\theta)$ 曲线为直线呢？通过前人的大量工作，如取 $f(\theta)=\cos^2\theta$ 时，发现 $\theta>60°$ 时符合得较好，而在低 θ 角时，偏离直线较远，该外延函数要求各衍射线的 θ 均大于 $60°$，且其中至少有一个 $\theta>80°$，然而，在很多场合满足这些条件较为困难，为此，尼尔逊(I. B. Nelson)等设计出了新的外延函数，取 $f(\theta)=\frac{1}{2}\left(\dfrac{\cos^2\theta}{\sin\theta}+\dfrac{\cos^2\theta}{\theta}\right)$，此时，可使曲线在较大的 θ 范围内保持良好的直线关系。后来，泰勒又从理论上证实了这一函数。图 9-1 表示李卜逊(H. Lipson)等对铝在 571K 时的所测数据，分别采用外延函数为 $\cos^2\theta$ 和 $\frac{1}{2}\left(\dfrac{\cos^2\theta}{\sin\theta}+\dfrac{\cos^2\theta}{\theta}\right)$ 时的外延示意图。由图 9-1(a)可知在 $\theta>60°$ 时，测量数据与直线符合得较好，直线外延至 $90°$ 的点阵常数为 0.407 82 nm；而在外延函数为 $\frac{1}{2}\left(\dfrac{\cos^2\theta}{\sin\theta}+\dfrac{\cos^2\theta}{\theta}\right)$ 时，如图 9-1(b)所示，较大 θ 角范围内($\theta>30°$)具有较好的直线性，沿直线外延至 $90°$ 时所得的点阵常数为 0.407 808 nm 更为精确。

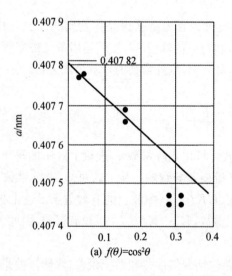 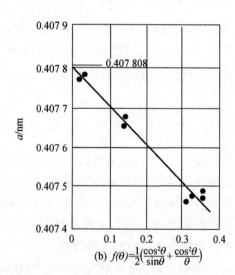

(a) $f(\theta)=\cos^2\theta$ (b) $f(\theta)=\frac{1}{2}\left(\dfrac{\cos^2\theta}{\sin\theta}+\dfrac{\cos^2\theta}{\theta}\right)$

图 9-1　不同外延函数时的外延示意图

2. 线性回归法

在外延法中，取外延函数 $f(\theta)$ 为 $\frac{1}{2}\left(\dfrac{\cos^2\theta}{\sin\theta}+\dfrac{\cos^2\theta}{\theta}\right)$ 时，可使 a 与 $f(\theta)$ 具有良好的线性关系，通过外延获得点阵常数的测量值，但是，该直线是通过作图的方式得到的，仍带有较强的主观性，此外，方格纸的刻度精细有限，因此，很难获得更高的测量精度。线性回归法就是在此基础上，对多个测点数据运用最小二乘原理，求得回归直线方程，再通过回归直线的截距获得点阵常数的方法。它在相当程度上克服了外延法中主观性较强的不足。

设回归直线方程为：

$$Y = kX + b$$

式中：Y——点阵常数值；

$\quad X$——外延函数值，一般取 $X = \dfrac{1}{2}\left(\dfrac{\cos^2\theta}{\sin\theta} + \dfrac{\cos^2\theta}{\theta}\right)$；

$\quad k$——斜率；b——直线的截距，就是 θ 为 90°时的点阵常数。

设有 n 个测点 (X_iY_i)，$i = 1, 2, 3, \cdots, n$，由于测点不一定在回归直线上，可能存有误差 e_i，即 $e_i = Y_i - (kX_i + b)$，所有测点的误差平方和为

$$\sum_{i=1}^{n} e_i^2 = \sum_{i=1}^{n} \left[Y_i - (kX_i + b)\right]^2 \tag{9-3}$$

由最小二乘原理：$\dfrac{\partial \sum\limits_{i=1}^{n} e_i^2}{\partial k} = 0$，$\dfrac{\partial \sum\limits_{i=1}^{n} e_i^2}{\partial b} = 0$，得方程组：

$$\begin{cases} \sum\limits_{i=1}^{n} X_iY_i = k\sum\limits_{i=1}^{n} X_i^2 + b\sum\limits_{i=1}^{n} X_i \\ \sum\limits_{i=1}^{n} Y_i = k\sum\limits_{i=1}^{n} X_i + \sum\limits_{i=1}^{n} b \end{cases} \tag{9-4}$$

解之得

$$b = \dfrac{\sum\limits_{i=1}^{n} Y_i \sum\limits_{i=1}^{n} X_i^2 - \sum\limits_{i=1}^{n} X_i \sum\limits_{i=1}^{n} X_iY_i}{n\sum\limits_{i=1}^{n} X_i^2 - \left(\sum\limits_{i=1}^{n} X_i\right)^2} \tag{9-5}$$

由于外延函数可消除大部分系统误差，最小二乘法又消除了偶然误差，这样回归直线的纵轴截距即为点阵常数的精确值。

3. 标准样校正法

由于外延函数的制定带有较多的主观色彩，最小二乘法的计算又非常繁琐，因此，需要有一种更为简捷的方法消除测量误差，标准样校正法就是常用的一种。它是采用比较稳定的物质如 Si、Ag、SiO_2 等作为标准物质，其点阵常数已精确测定过，如纯度为 99.999% 的 Ag 粉，$a_{Ag} = 0.408\,613$ nm，纯度为 99.9% 的 Si 粉，$a_{Si} = 0.543\,75$ nm，并定为标准值，将标准物质的粉末掺入待测试样的粉末中混合均匀，或在待测块状试样的表层均匀铺上一层标准试样的粉末，于是在衍射图中就会出现两种物质的衍射花样。由标准物的点阵常数和已知的波长计算出相应 θ 角的理论值，再与衍射花样中相应的 θ 角相比较，其差值即为测试过程中的所有因素综合造成的，并以这一差值对所测数据进行修正，就可得到较为精确的点阵常数。显然，该法的测量精度基本取决于标准物的测量精度。

五、实验方法和步骤

1. 实验步骤

（1）开机步骤同实验 1 中的开机步骤①～⑥。

（2）放置好样品，按要求设定仪器相关参数，初级 Twin opitcs 设为 0.5°发散度，次级的 Twin opitcs 选择 Fixed mm，并设定为 5.8 mm。电压 40 kV，电流 40 mA，扫描速度 0.005°/step，每步时间 1 s，Soller 狭缝选 2.5°，选择 Coupled two theta/Theta，扫描范围 20°～120°，点击开始，即开始测试。

（3）测试结束，保存实验数据，取回实验样品，将电压、电流降至 20 kV、5 mA，实验结束。

2. 分析步骤

（1）打开 TOPAS，调入 raw 数据。

（2）光源选项，调入 Ka5。

（3）查看背底选项 Background，选择 Chebychev 多项式 5 级和 $1/x$ 函数。

（4）在 Instrument 菜单栏，按照图 9-2 输入仪器参数：

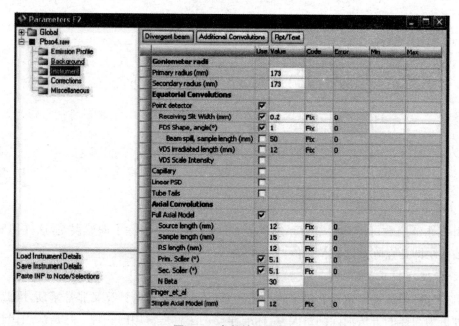

图 9-2　参数输入界面

（5）查看 Corrections 选项，选中 LP factor 输入 26.4。

（6）查看 Miscellaneous 选项，Finish X 设置为 51.6（设定计算范围）。

（7）放大 10°～51.6°，点击 Peak search，寻峰。

（8）查看 Peaks Phase 选项，峰形 TYPE 均选择：FP。

（9）点击上图中"Codes"按钮，Cry size L 项的"Refine"均改为"Cry"。

（10）点击运算按钮，运行拟合，得到 Cry size L 数值。

（11）查看 Background，把 Refine 改为 Fix。

（12）删除"Peaks phase"，并右键数据，选择 Add hkl phase。

（13）查看 hkl_phase，输入参数。

选中 LP Search：进行 LP 搜索指标化；选择空间群：四方晶系的第一个空间群为 P222（16号）。给定晶胞参数的初始值以及变化范围，这里是 3～15。晶胞参数 Code 为 Refine。输入上述得到的 Cry size L 值；Code 为 fix。选中 Cell Volume，并设定 min 和 max 值：100 和 400。

（14）在拟合窗口，打开 Refinement options，选中"Continue after convergence"，OK。

（15）点击运算按钮，运行拟合，观察拟合窗口 Rwp 的变化，当 Rwp<9％时，认为找到了正确的晶胞参数。此时，点击停止，选 Yes，软件会自动显示 Rwp 最小时的晶胞参数值，如图 9-3 所示。

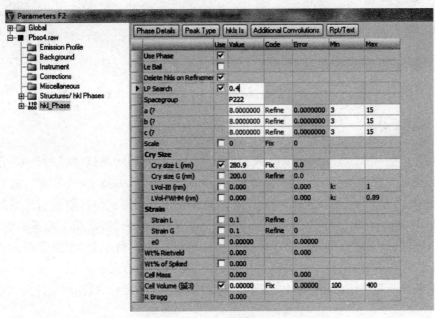

图 9-3　晶格常数的计算

六、实验报告要求

1. 简述实验过程。
2. 记录实验结果。

七、实验注意事项

实验操作过程中注意辐射防护。

八、实验思考题

1. 什么是点阵常数，立方晶系和正方晶系的空间点阵特征是什么？
2. 点阵常数与物理性能的关系如何？

实验 10 薄膜物相的 X 射线掠入射法分析

一、实验目的

1. 了解掠入射法分析薄膜结构的基本原理。
2. 掌握掠入射法的详细操作方法。

二、实验内容

制备薄膜样品,用掠入射法对薄膜样品进行分析测试。

三、实验仪器设备与材料

X 射线衍射仪:Bruker-AXS D8 Advance(图 1-1);EVA 分析软件;试样。

四、实验原理

掠入射 X 射线(Grazing incident X-ray)技术是一种新颖的测试薄膜的技术,它是指以测试时 X 射线以很小角度入射到样品表面,几乎与样品平行,如图 10-1 所示。在测量时一般有两种模式:对称偶合模式和非偶合模式。对称偶合模式测试时入射角与反射角同步等步长增加,亦称 X 射线反射率(X-ray Reflectivity,XRR)的测量,常用于测量薄膜的密度、厚度、粗糙度以及密度分布等信息。非偶合模式测试时入射角不变,探测器在大角区扫描测量衍射信号,亦被称为掠入射 X 射线衍射(Grazing incident X-ray diffraction,GIXRD),常被用来表征薄膜的结晶性信息如晶型、取向、结晶度、微晶尺寸、微晶的层序分布等。

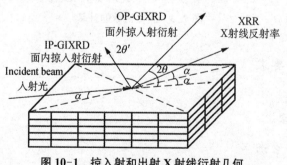

图 10-1 掠入射和出射 X 射线衍射几何

掠入射的原理是使用平行光和小的入射角,同时增加衍射颗粒的数目和 X 射线在薄膜中的光程。当 X 射线入射到物质内时,会被物质中的电子散射。如果物质内部存在着晶区,则会在一定的角度出现散射的加强——衍射。这与常规 X 射线衍射的原理是一致的,衍射信号出现的角度与晶区中的晶格常数满足布拉格公式 $2d\sin\theta = n\lambda$。

入射角的选择取决于样品的长度,薄膜材料的密度和 X 射线的穿透深度,选定入射角后,在之后的扫描中保持不变。

通过控制入射角可以使 X 射线只能照射到薄膜中而不能入射到基底中,因此掠入射 X 射线具有可以消除或减少基底影响的优点。

五、实验方法和步骤

1. 实验步骤

(1) 开机步骤同实验 1 中的开机步骤①~⑥。

(2) 将入射光端及探测器端的索拉狭缝都取下,左侧入射光端固定狭缝位置放置 1.0 mm 的狭缝,右侧放入 0.2 mm Cu 吸收片。

(3) 前置 Twin optics 中选择 Gobel mirror,后置 Twin optics 中选择 Soller。

(4) 放入待测试样品。将 Theta 定为 1,选择 Two theta scan 方式,设置扫描范围(例如 15°~90°),步长选择 0.02°~0.05°,点击 Start,开始测试。

(5) 测试结束,保存实验数据,取回实验样品,将电压、电流降至 20 kV、5 mA,实验结束。

2. 分析步骤

(1) 用 EVA 软件打开测量图谱进行分析,打开检索窗口,如图 10-2 所示。

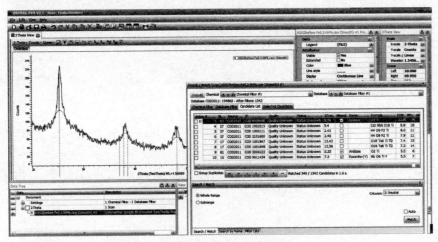

图 10-2   EVA 分析窗口

(2) 扣背底,在元素周期表中选择可能的化学元素。在 Search/Match 窗口中,拖动可进行全选,鼠标左键改变颜色。选中后,先全部变成红色,改变所选元素的颜色,限定元素种类:红色-排除;绿色-包括;灰色-可能;蓝色-至少所选的一种;通常的做法是把可能的元素都变成灰色即可。

(3) 在"Search/Match"中点击"Candidate list"菜单中的"Match"会自动出现检索结果。

(4) 在检索结果列表中,根据谱线角度匹配情况并参考强度匹配情况,选择最匹配的 PDF 卡片作为物相鉴定结果。

六、实验报告要求

1. 以等离子喷涂薄膜或浸渍提拉镀膜等样品为实验样品，鉴定薄膜物相组成。
2. 简述掠入射 X 射线衍射测试实验过程。

七、实验注意事项

实验过程中注意辐射防护，样品拿取时小心，不能污染薄膜表面。

八、实验思考题

掠入射法与常规衍射法的区别是什么？

实验 11　透射电子显微镜的试样制备

一、实验目的

了解薄膜试样制备的方法及其特点。

二、实验内容

以纯铝、纯铜为原料分别采用双喷法和离子减薄法制备薄膜试样。

三、实验仪器设备与材料

离子减薄仪 PSⅡ（图 11-1）；双喷仪等。

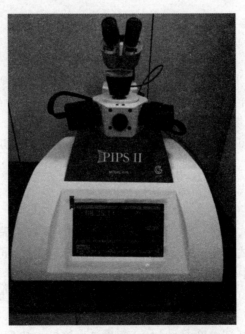

图 11-1　离子减薄仪 PSⅡ及双喷装置

四、实验原理

透射电镜是利用电子束穿过样品后的透射束和衍射束进行工作的,因此,为了让电子束顺利透过样品,样品就必须很薄,一般在 50~200 nm 之间。样品的制备方法较多,常见的有两种:复型法和薄膜法。其中复型法,是利用非晶材料将试样表面的结构和形貌复制成薄膜样品的方法。由于受复型材料本身的粒度限制,无法复制出比自己还小的细微结构。此外,复型样品仅仅反映的是试样表面形貌,无法反映内部的微观结构(如晶体缺陷、界面等),因此,复型法在应用方面存在较大的局限性。薄膜法则是从各个分析的试样中取样,制成薄膜样品的方法。利用电镜可直接观察试样内的精细结构。动态观察时,还可直接观察到相变及其成核长大过程、晶体中的缺陷随外界条件变化而变化的过程等。结合电子衍射分析,还可同时对试样的微区形貌和结构进行同步分析。本实验主要介绍薄膜样品的制备方法。

薄膜样品的具体要求如下:

(1) 材质相同。从大块材料中取样,保证薄膜样品的组织结构与大块材料相同。

(2) 薄区要大。供电子束透过的区域要大,便于选择合适的区域进行分析。

(3) 具有一定的强度和刚度。因为在分析过程中,电子束的作用会使样品发热变形,增加分析困难。

(4) 表面保护。保证样品表面不被氧化,特别是活性较强的金属及其合金,如 Mg 及 Mg 合金,在制备及观察过程中极易被氧化,因此在制备时要做好气氛保护,制好后立即进行观察分析,分析后真空保存,以便重复使用。

(5) 厚度适中。一般在 50~200 nm 之间为宜,便于图像与结构分析。

五、实验方法和步骤

1. 切割

当试样为导体时,可采用线切割法从大块试样上割取厚度为 0.3~0.5 mm 的薄片。线切割的基本原理是以试样为阳极,金属线为阴极,并保持一定的距离,利用极间放电使导体熔化,往复移动金属丝来切割样品的,该法的工作效率高。

当试样为绝缘体如陶瓷材料时,只能采用金刚石切割机进行切割,工作效率低。

2. 预减薄

预减薄常有两种方法:机械研磨法和化学反应法。

1) 机械研磨法

其过程类似于金相试样的抛光,目的是消除因切割导致的粗糙表面,并减至 100 μm 左右。也可采用橡皮压住试样在金相砂纸上,手工方式轻轻研磨,同样可达到减薄目的。但在机械或手工研磨过程中,难免会产生机械损伤和样品升温,因此,该阶段样品不能磨至太薄,一般不应小于 100 μm,否则损伤层会贯穿样品深度,为分析增加难度。

2) 化学反应法

将切割好的金属薄片浸入化学试剂中,使样品表面发生化学反应被腐蚀,由于合金中各组成相的活性差异,应合理选择化学试剂。化学反应法具有速度快、样品表面没有机械硬伤和硬化层等特点。化学减薄后的试样厚度应控制在 20~50 μm,为进一步的终减薄提供有利条件,但化学减薄要求试样应能被化学液腐蚀方可,故一般为金属试样。此外,经化学减薄后的试样应充分清洗,一般可采用丙酮、清水反复超声清洗,否则得不到满意的结果。

3. 终减薄

根据试样能否导电,终减薄的方法通常有两种,电解双喷法和离子减薄法。

1）电解双喷法

当试样导电时，可采用双喷电解法抛光减薄，其工作原理见图 11-2 所示。将预减薄的试样落料成直径为 3 mm 的圆片，装入装置的样品夹持器中，与电源的正极相连，样品两侧各有一个电解液喷嘴，均与电源的负极相连，两喷嘴的轴线上设置有一对光导纤维，其中一个与光源相接，另一个与光敏器件相联，电解液由耐酸泵输送，通过两侧喷嘴喷向试样进行腐蚀，一旦试样中心被电解液腐蚀穿孔时，光敏元器件将接受到光信号，切断电解液泵的电源，停止喷液，制备过程完成。电解液有多种，最常用的是 10％高氯酸酒精溶液。

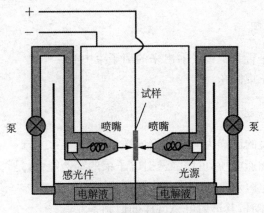

图 11-2　电解双喷装置原理图

电解双喷法工艺简单，操作方便，成本低廉；中心薄处范围大，便于电子束穿透；但要求试样导电，且一旦制成，需立即取下试样放入酒精液中漂洗多次，否则电解液会继续腐蚀薄区，损坏试样，甚至使试样报废。如果不能即时进行电镜观察，则需将试样放入甘油、丙酮或无水酒精中保存。

2）离子减薄法

工作原理如图 11-3 所示，离子束在样品的两侧以一定的倾角（5°～30°）同时轰击样品，使之减薄。离子减薄所需时间长，特别是陶瓷、金属间化合物等脆性材料，需时较长，一般在十几小时甚至更长，工作效率低，为此，常采用挖坑机（dimple 仪）先对试样中心区域挖坑

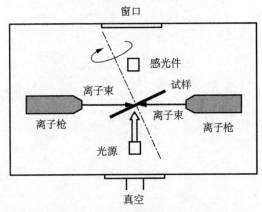

图 11-3　离子减薄装置原理图

减薄,然后再进行离子减薄,单个试样仅需 1 h 左右即可制成,且薄区广泛,样品质量高。离子减薄法可适用于各种材料。当试样为导电体时,也可先双喷减薄,再离子减薄,同样可显著缩短减薄时间,提高观察质量。

六、实验报告要求

1. 根据试样特性选择合适的制样方法。
2. 分别记录同一种方法、不同试样的减薄时间,比较减薄的质量。
3. 同一种材料不同的制备方法,记录其制备时间,记录减薄质量。

七、实验注意事项

1. 检查试样中心是否为两枪发射出来的离子束中心。
2. 选择合适的离子束倾角。

八、实验思考题

1. 透射电子显微镜的试样为何是薄膜试样?
2. 提高电子枪的加速电压,可增强透射电子束的穿透能力,是否加速电压愈高愈好?
3. 离子减薄法和电解双喷法的特点分别是什么?
4. 当试样为绝缘体时,其透射电镜试样如何制备?

实验 12　透射电子显微镜的结构及成像

一、实验目的

1. 了解透射电子显微电镜的基本结构。
2. 熟悉透射电子显微镜的成像原理。
3. 了解基本操作步骤。

二、实验内容

1. 了解透射电子显微镜的结构。
2. 了解电子显微镜面板上各个按钮的位置与作用。
3. 无试样时检测像散，如存在则进行消像散处理。
4. 加装试样，分别进行衍射操作、成像操作，观察衍射花样和图像。
5. 进行明场、暗场和中心暗场操作，分别观察明场像、暗场像和中心暗场像。

三、实验仪器设备与材料

TECNAI G2 20 LaB6 型 TEM 透射电子显微镜，见图 12-1 所示；薄膜试样。

技术指标：
1. 点分辨率：≤0.24 nm；
2. 线分辨率：≤0.14 nm；
3. 加速电压范围：20～200 kV；
4. 样品台：
   X：≥2 mm；Y：≥2 mm；Z：≥0.75 mm；
   XY 方向移动最小步长：<4 nm；
5. 最大倾斜角：≥+40°；
6. 照相系电制冷能谱仪：元素分析范围
   从 ^{4}Be-^{94}Pu。

图 12-1　TECNAI G2 20 LaB6 型 TEM 透射电子显微镜

四、实验原理

1. 透射电镜的基本结构

透射电镜主要由电子光学系统、电源控制系统和真空系统三大部分组成，其中电子光学系统为电镜的核心部分,它包括照明系统、成像系统和观察记录系统。

（1）照明系统

照明系统主要由电子枪和聚光镜组成,电子枪发射电子形成照明光源,聚光镜是将电子枪发射的电子会聚成亮度高、相干性好、束流稳定的电子束照射样品。

（2）成像系统

成像系统由物镜、中间镜和投影镜组成。

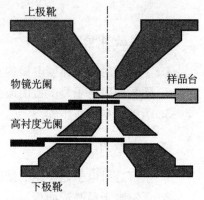

（3）观察记录系统

观察记录系统主要由荧光屏和照相机构组成。

2. 主要附件

（1）样品倾斜装置（样品台）

样品台是位于物镜的上下极靴之间承载样品的重要部件,见图 12-2 所示,并使样品在极靴孔内平移、倾斜、旋转,以便找到合适的区域或位向,进行有效观察和分析。

图 12-2　样品台在极靴中的位置(JEM-2010F)

（2）电子束的平移和倾斜装置

电镜中是靠电磁偏转器来实现电子束的平移和倾斜的。图 12-3 为电磁偏转器的工作原理图,电磁偏转器由上下两个偏置线圈组成,通过调节线圈电流的大小和方向可改变电子束偏转的程度和方向。

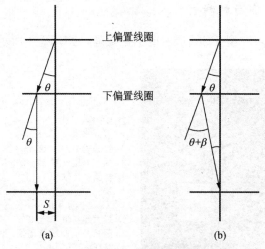

图 12-3　电磁偏转器的工作原理图

（3）消像散器

在透镜的上下极靴之间安装消像散器,就可基本消除像散。图 12-4 为电磁式消像散器的原理图及像散对电子束斑形状的影响。从图 12-4(b)和 12-4(c)中可知未装消像散器时,电子束斑为椭圆形,加装消像散器后,电子束斑为圆形,基本上消除了聚光镜的像散对电子束的影响。

（4）光阑

光阑是为挡掉发散电子,保证电子束的相干性和电子束照射所选区域而设计的带孔小

(a) 磁极分布   (b) 有像散时的电子束斑   (c) 无像散时的电子束斑

图 12-4 电磁式消像散器示意图及像散对电子束斑形状的影响

片。根据安装在电镜中的位置不同,光阑可分为聚光镜光阑、物镜光阑和中间镜光阑三种。

3. 成像原理

透射电镜电子衍射原理见图 12-5 所示。

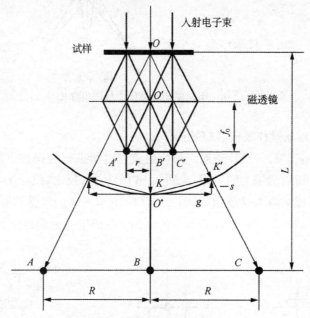

图 12-5 透射电镜电子衍射原理图

由图 12-5 中得几何关系并推导后得：$R' = L'\lambda g$，令 $K' = L'\lambda$，得 $R' = K'g$。

式中的 L' 和 K' 分别称为有效相机长度和有效相机常数。但需注意的是式中的 L' 并不直接对应于样品至照相底片间的实际距离，因为有效相机长度随着物镜、中间镜、投影镜的励磁电流改变而变化，而样品到底片间的距离却保持不变，但由于透镜的焦长大，这并不会妨碍电镜成清晰图像。因此，实际上我们可不加区分 K 与 K'、L 与 L' 和 R 与 R'，并用 K 直接取代 K'。

(1) 成像操作与衍射操作

调整励磁电流即改变中间镜的焦距，从而改变中间镜物平面与物镜后焦面之间的相对位置。当中间镜的物平面与物镜的像平面重合时，投影屏上将出现微区组织的形貌像，这样的操作称为成像操作；当中间镜的物平面与物镜的后焦面重合时,投影屏上将出现所选区域的衍射花样,这样的操作称为衍射操作,见图 12-6 所示。

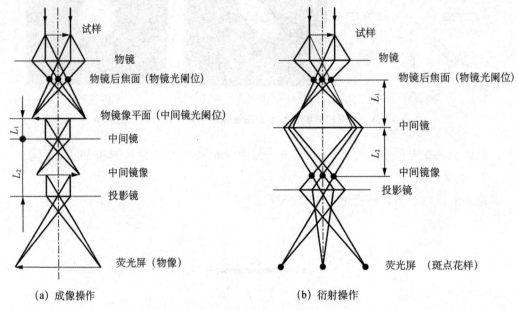

（a）成像操作　　　　　（b）衍射操作

图 12-6　中间镜的成像操作与衍射操作

（2）明场操作、暗场操作及中心暗场操作

是通过平移物镜光阑,分别让透射束或衍射束通过所进行的操作。仅让透射束通过的操作称为明场操作,所成的像为明场像,见图 12-7(a)所示;反之,仅让某一衍射束通过的操作称为暗场操作,所成的像为暗场像,见图 12-7(b)所示。通过调整偏置线圈,使入射电子束倾斜 $2\theta_B$ 角,如图 12-7(c)所示,晶粒 B 中的 $(\overline{hkl})$ 晶面组完全满足衍射条件,产生强烈衍

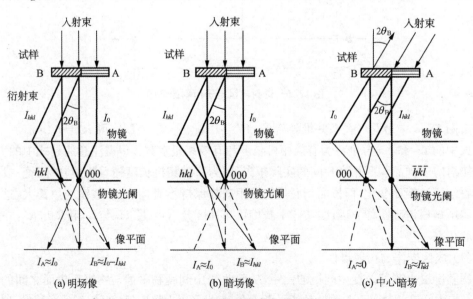

(a)明场像　　　　(b)暗场像　　　　(c)中心暗场

图 12-7　衍射衬度产生原理图

射,此时的衍射斑点移到了中心位置,衍射束与透镜的中心轴重合,孔径半角大大减小,所成像比暗场像更加清晰,成像质量得到明显改善。我们称这种成像操作为中心暗场操作,所成像为中心暗场像。

五、实验方法和步骤

1. 登录计算机

注意:计算机平时一直处于开机状态。自助用户以自己的用户名和密码登录电镜计算机(左侧白色显示器)。

2. 打开操作软件

依次打开下列软件:Tecnai user interface、Gatan Digital Micrograph。

3. 检查电镜状态

(1) 真空:在 Tecnai user interface 软件中,在 Setup→Vacuum 控制面板中:Gun、Column、Camera 的压力指示条都应该是绿色的才为正常。

(2) 高压:在 Tecnai user interface 软件中,在 Setup→High tension 控制面板中:在正常情况下,High tension 指示条为黄色,高压指示值为 200 kV。高压平时一直加到 200 kV。

若发现真空或高压等状态异常,请停止使用,在正常工作时间内应立即联系技术员处理。

4. 装载样品

将待测样品装入样品杆,样品需正面朝下。

样品杆有两种类型:

(1) 单倾:只能在 A 方向倾转。

(2) 双倾:在 A、B 两个方向都能倾转,如不需倾转样品,请选择单倾样品杆。

注意:

(1) 装卸样品时不要用手触摸样品杆 O 形圈至样品杆顶端的任何部位。

(2) 动作要轻,不要野蛮操作。

(3) 装卸样品所用工具在使用后需及时放回原位。

(4) 目前不提供 TEM 样品制备服务,需自己制备好样品。

(5) 勿在电镜实验室制备样品。

(6) 制备好的样品要等充分晾干后再装入电镜。

5. 插入样品杆

(1) 水平拿持样品杆末端,使样品杆上的定位销对准样品台上的狭缝(大约 5 点钟位置),慢慢插入样品杆直到不能继续插入为止(此过程中注意保持样品杆与样品台尽量同轴)。

(2) 这时样品台上的红灯亮,机械泵开始预抽样品室气锁处的真空。若是双倾杆,则在 Tecnai user interface 软件中需要选择合适的样品杆类型并确认,然后连接 B 方向倾转控制电缆并确认。

(3) 大约 3 min 以后,样品台上的红灯熄灭,逆时针旋转样品杆直到不能继续旋转为止,然后必须握紧样品杆末端(此时真空对样品杆有较强的吸力作用),使样品杆在真空吸力作用下慢慢滑入电镜。

插入样品杆以后,要等镜筒部分的真空(Column)数值降到 20 以下才能开始操作。

6. 加灯丝电流

(1) 开始操作之前,在 Tecnai user interface 软件→Set up 中,Filament 指示条应该为灰色(表示灯丝没有加,不操作时灯丝需退掉)。

(2) 待镜筒部分真空(Column)数值降到 20 以下,点击 Filament 指示条,此时灯丝会自动加到预设的状态,Filament 指示条变为黄色。注意记录加灯丝前后 Emission 等数值。

7. 开始操作

1) 打开 Col. Valves

确认镜筒部分真空(Column)数值降到 20 以下,点击 Col. Valves 指示条,其由黄色变为灰色。黄色表示关闭,灰色表示打开。

注意:Col. Valves 代表 V7 和 V4 两个真空阀是分别隔离镜筒与电子枪及镜筒与照相室的。两个真空阀,是分别隔离镜筒与电子枪及镜筒与照相室的。当 Column 真空没有到规定的数值(20 以下)时打开 Col. Valves 将使电子枪的真空急剧恶化,从而损坏灯丝寿命。

2) 找样品,聚焦

打开 Col. Valves 后,即可看到电子束与样品图像,此时通常先在较低倍数找到感兴趣区域,然后转到较高倍数使图像聚焦清楚。调整样品最佳高度方法:首先按桌面右操作面板上的 Eucentric focus 钮,然后尽量通过调节高度 Z 来聚焦,微调聚焦时可以使用 Focus 钮。拍照前要把图像调到欠焦状态(图像边缘是亮的)。

3) 合轴 Direct alignments

通常在拍照前,需要对电子光路系统进行调整,称为合轴。在 Tecnai user interface→Tune→Direct alignments 中可做如下合轴操作(在 SA 放大倍数下合轴):

(1) Gun tilt:找到一个没有样品的位置,分别调 Mul. X 和 Y(多功能钮),使 exposure time 最小(电子束最亮)。

(2) Gun shift:在没有样品的位置,先点 Beamshift,spot size 调到 9,调 Mul. X 和 Y(多功能钮),把电子束调到荧光屏中心;然后点 Gunshift,spot size 调到 3,调 Mul. X 和 Y(多功能钮),把电子束调到荧光屏中心。反复调几次。最后把 spot size 调回到 1。

(3) Beam tilt PPX 和 Beam Tilt PPY:在没有样品的位置,调 Mul. X 和 Y(多功能钮),使晃动的两个电子束斑重合在一起。PPX 和 PPY 两个方向分别调。

(4) Rotation center:将放大倍数升高到几十万倍,找到样品上一个特征位置,将其放在荧光屏中心,抬起小屏幕,借助于目镜,观察选定的特征图像,通过调 Mul.X 和 Y(多功能钮),使特征图像的晃动达到最小。

4) 消像散

在 Tecnai user interface→Tune→Stigmator 控制面板,可以消除三种透镜像散,分别是:

(1) Objective:物镜像散(最重要)。找到样品上的一个非晶区,将放大倍数升高到几十万倍,借助于 CCD 相机,收集动态图像(Search 模式),调 Focus 钮使图像聚焦清楚(欠焦),然后做动态 FFT(Digitalmicrograph→Process→Live→FFT)。调 Mul. X 和 Y(多功能钮),

使 FFT 中的非晶环尽量变成圆形。这是消物镜像散的一种快捷方式,但精度不是很高。比较传统的方式是直接观察非晶图像(通过荧光屏小屏幕或 CCD 相机),把欠焦或过焦时非晶图像中的方向性调没,变成各向同性,同时正焦时图像衬度最小。这种方法精度较高。

(2) Condenser:聚光镜像散。在像模式下,调 Mul. X 和 Y(多功能钮),使电子束斑呈圆形。

(3) Diffraction:衍射像散。在衍射模式下,调 Mul. X 和 Y(多功能钮),将透射斑调圆。

5)图像记录与存储

本机有两种图像记录方式:CCD 相机和底片。

(1) 使用 CCD 相机拍照

首先将电子束散开到至少与荧光屏一样大,然后将屏幕抬起(右操作面板上的 R1 钮),点击 Digital Micrograph 软件左下角的 Search 按钮(小鹿图案),即可获得动态的图像。

CCD 有三种成像方式,用途不同:

Search(小鹿图案):动态图像,用于找样品,调整聚焦和像散等。

Focus(乌龟图案):动态图像,用于拍照前细调聚焦和像散等。

Record(照相机图案):用于拍摄图像。CCD 图像可以存储为 *.dm3 的原始格式(只有 Digital Micrograph 软件才能打开和处理)和 *.tif 等格式(适用于普通图像处理软件)。

具体方法:

File→Save As→ *.dm3。

File→Save Display As→ *.tif, *.gif, *.jpeg 等。

使用 CCD 相机注意:

① 抬起荧光屏之前电子束一定要散开到至少与荧光屏一样大。

② 禁止观察和拍摄衍射图(衍射图只能用底片来拍)。

③ 使用 CCD 观察图像过程中,如需改变放大倍数,必须先将荧光屏放下,调好后再抬屏观察(防止改变倍数过程中电子束会聚或偏移)。

(2) 使用底片拍照

设定好曝光条件后,按左操作面板上的 Exposure 钮,荧光屏自动抬起,底片自动由送片盒导入光路,开始曝光。曝光结束后,底片自动被传回收片盒,荧光屏放下。此时要及时记录底片号等相关信息。

注意:

① 拍照前必须关闭所有照明灯、关门,保持房间黑暗。

② 拍照过程中保持安静,不要说话和走动,不要晃动操作桌面。

8. 结束操作

结束操作时,首先关闭 Col. Valves,然后退掉灯丝 Filament,高压不要退!

9. 取出样品杆

(1) 首先将样品台回零(Tecnai user interface→Search→Reset holder),等样品台上的红灯熄灭。

(2) 手握样品杆末端,把样品杆尽可能的拔出。

(3) 顺时针旋转样品杆直到不能继续旋转为止。

（4）保持水平地把样品杆拔出，如是双倾杆，则需先拔掉电缆插头。

10．卸载样品

（1）将样品从样品杆上取下来，所用工具在使用后需及时放回原位。

（2）如果是当天最后一名操作者，需要把没有装载样品的样品杆（单双倾都可）重新装入电镜。

11．刻录数据

（1）CCD 图像的拷贝只能刻录光盘，禁止使用 U 盘。

（2）底片不能随拍随取，待一盒底片（35 张左右）拍完后，由技术员统一冲洗晾干，然后分发给用户。

12．关闭操作软件

依次关闭下列软件：Gatan Digital Micrograph、Tecnai user interface。

13．退出计算机

只需退出当前用户即可（Log Off）。

注意：千万不要关闭计算机！因为关闭计算机将导致电镜关闭，平时电镜是一直开着的。

明暗场像是透射电镜最基本的技术方法，以下仅对暗场像操作成像及其要点简述如下：

（1）明场像下寻找感兴趣的视场。

（2）插入选区光阑围住所选的视场。

（3）按"衍射"按钮转入衍射操作方式，取出物镜光阑，此时荧光屏上显示选区内晶体产生的衍射花样。

（4）倾斜入射电子束方向，使用于成像的衍射束与电镜光轴平行，此时衍射斑点位于荧光屏的中心。

（5）插入物镜光阑，套住衍射斑点的中心斑点，转入成像操作，取出选区光阑，此时荧光屏上的图像即为该衍射束形成的暗场像。

六、实验报告要求

1. 简述透射电镜的基本结构。
2. 绘图并举例说明暗场成像的原理。

七、实验注意事项

1. 严格按规范操作，避免误操作。
2. 保证高真空的要求（1.33×10^{-6} Pa）。
3. 注意选区光阑的合理选择与应用。

八、实验思考题

1. 如何消除像散？
2. 比较暗场像与中心暗场像的衬度区别。

实验 13 选区电子衍射分析

一、实验目的

1. 掌握进行选区衍射的正确方法。
2. 测定拍摄电子衍射谱时的相机常数。
3. 通过选区衍射操作，加深对电子衍射原理的了解。

二、实验内容

1. 复习电镜的操作程序、了解成像操作、衍射操作的区别与联系。
2. 以复合材料$(Al_2O_3+TiB_2)/Al$ 为观察对象，进行选区衍射操作，获得衍射花样。
3. 以粉末 Au 试样，测定电子衍射谱的相机常数。

三、实验仪器设备与材料

TECNAI G2 20 LaB6 型 TEM 透射电子显微镜(图 12-1)，薄膜试样。

四、实验原理

选区电子衍射就是对样品中感兴趣的微区进行电子衍射，以获得该微区电子衍射图的方法。选区电子衍射又称微区衍射，它是通过移动安置在中间镜上的选区光阑来完成的。

图 13-1 即为选区电子衍射原理图。平行入射电子束通过试样后，由于试样薄，晶体内满足布拉格衍射条件的晶面组(hkl)将产生与入射方向成 2θ 角的平行衍射束。由透镜的基本性质可知，透射束和衍射束将在物镜的后焦面上分别形成透射斑点和衍射斑点，从而在物镜的后焦面上形成试样晶体的电子衍射谱，然后各斑点经干涉后重新在物镜的像平面上成像。如果调整中间镜的励磁电流，使中间镜的物平面分别与物镜的后焦面和像平面重合，则该

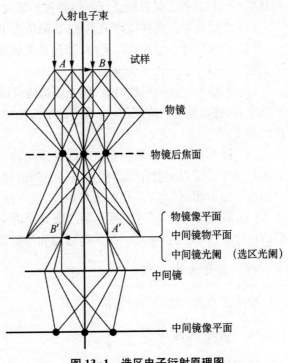

图 13-1 选区电子衍射原理图

区的电子衍射谱和像分别被中间镜和投影镜放大,显示在荧光屏上。

显然,单晶体的电子衍射谱为对称于中心透射斑点的规则排列的斑点群,见图 13-2(a)所示。多晶体的电子衍射谱则为以透射斑点为中心的衍射环,见图 13-2(b)所示。非晶则为一个漫散的晕斑,见图 13-2(c)所示。

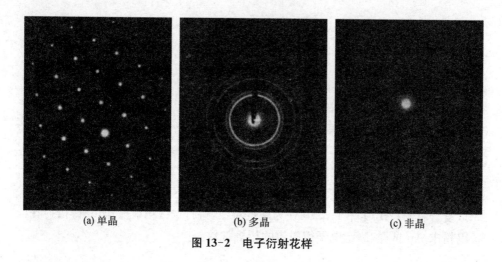

(a) 单晶　　　　　　　(b) 多晶　　　　　　　(c) 非晶

图 13-2　电子衍射花样

五、实验方法和步骤

如何获得感兴趣区域的电子衍射花样呢?即通过选区光阑(又称中间镜光阑)套在感兴趣的区域,分别进行成像操作或衍射操作,获得该区的像或衍射花样,实现所选区域的形貌分析和结构分析。具体的选区衍射操作步骤如下:

(1)由成像操作使物镜精确聚焦,获得清晰形貌像。

(2)插入尺寸合适的选区光阑,套住被选视场,调整物镜电流,使光阑孔内的像清晰,保证了物镜的像平面与选区光阑面重合。

(3)调整中间镜的励磁电流,使光阑边缘像清晰,从而使中间镜的物平面与选区光阑的平面重合,这也使选区光阑面、物镜的像平面和中间镜的物平面三者重合,进一步保证了选区的精度。

(4)移去物镜光阑,调整中间镜的励磁电流,使中间镜的物平面与物镜的后焦面共面,由成像操作转变为衍射操作。电子束经中间镜和投影镜放大后,在荧光屏上将产生所选区域的电子衍射图谱,对于高档的现代电镜,也可操作"衍射"按钮自动完成。

(5)需要照相时,可适当减小第二聚光镜的励磁电流,减小入射电子束的孔径角,缩小束斑尺寸,提高斑点清晰度。微区的形貌和衍射花样可存同一张底片上。

六、实验报告要求

绘图说明选区电子衍射的基本原理。

七、实验注意事项

注意光阑的合理选择。

八、实验思考题

1. 什么是相机常数和有效相机常数？
2. 单晶体、多晶体、非晶体的电子衍射花样的特征是什么？
3. 选区衍射的作用是什么？

实验 14　扫描电镜显微分析

一、实验目的

1. 了解扫描电镜的基本结构和原理。
2. 掌握扫描电镜试样的制备方法。
3. 了解扫描电镜的基本操作。
4. 了解二次电子像、背散射电子像和吸收电子像,观察记录操作的全过程及其在组织形貌观察中的应用。

二、实验内容

1. 根据扫描电镜的基本原理,对照仪器设备,了解各部分的功能用途。
2. 根据操作步骤,对照设备仪器,了解每步操作的目的和控制的部位。
3. 在老师的指导下进行电镜的基本操作。
4. 对电镜照片进行基本分析。

三、实验仪器设备与材料

Quant 250FEG,扫描电子显微镜见图 14-1 所示;试样。

技术指标:
1. 高真空模式二次电子(SE)像:30 kV 时优于 1.0 nm;1 kV 时优于 3.0 nm;
2. 低真空模式二次电子(SE)像:30 kV 时优于 1.4 nm;3 kV 时优于 3.0 nm;
3. 环境真空模式二次电子(SE)像:30 kV 时优于 1.4 nm;
4. 高低真空模式背散射电子(BSE)像:30 kV 下 2.5 nm。

图 14-1　Quant 250FEG 扫描电子显微镜

四、实验原理

扫描电子显微镜(Scanning electron microscope,SEM)是继透射电镜之后发展起来的一种电子显微镜简称扫描电镜。它是将电子束聚焦后以扫描的方式作用样品,产生一系列物理信息,收集其中的二次电子、背散射电子等信息,经处理后获得样品表面形貌的放大图像。

　　扫描电镜主要由电子光学系统,信号检测处理、图像显示和记录系统,以及真空系统这三大系统组成。其中电子光学系统是扫描电镜的主要组成部分,其外形和结构原理如图 14-2 所示。

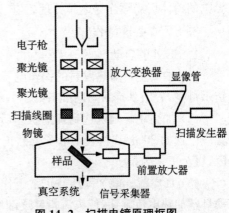

图 14-2　扫描电镜原理框图

　　由电子枪发射出的电子经过聚光镜系统和末级透镜的会聚作用形成一直径很小的电子束,投射到试样的表面,同时,镜筒内的偏置线圈使这束电子在试样表面作光栅式扫描。在扫描过程中,入射电子依次在试样的每个作用点激发出各种信息,如二次电子、背散射电子、特征 X 射线等。安装在试样附近的探测器分别检测相关反应表面形貌特征的形貌信息,如二次电子、背散射电子等,经过处理后送到阴极射线管(简称 CRT)的栅极调制其量度,从而在与入射电子束作同步扫描的 CRT 上显示出试样表面的形貌图像。根据成像信号的不同,可以在 SEM 的 CRT 上分别产生二次电子像、背散射电子像、吸收电子像、X 射线元素分布图等。本实验主要介绍的二次电子像和背散射电子像。

五、实验方法和步骤

1. 试样制备

扫描电镜的试样要求是块体或者粉末,在真空条件能保持性能稳定。如含有水分,则应先干燥。当表面有氧化层或污物时,应采用丙酮溶剂清洗干净。有的样品必须用化学试剂浸蚀后才能显露显微组织的结构,如铝合金的晶界观察就需用浓度为 3%～5% 的氢氟酸(HF)浸蚀 10 s 左右才能进行,而对铝基复合材料则不宜浸蚀,这是由于增强体与基体的结合界面易被浸蚀,从而影响界面观察。

1) 块体试样的制备

一般块体试样的尺寸为:直径 10～15 mm,厚度约 5 mm。若是导电试样,则可直接置入样品室中的样品台上进行观察,样品台一般为铜或铝质材料制成,在试样与样品台之间贴有导电胶,一方面可固定试样,防止样品台转动或上升下降时,样品滑动,影响观察;另一方面,起到释放电荷的作用,防止电荷聚集,以免图像质量下降。如果是非导电体试样,则需对试样喷一层约 10 nm 厚的金、铜、铝或碳膜导电层。导电层的厚度可由颜色来判定,厚度应适中,太厚,则会掩盖样品表面细节,太薄时,会使膜不均匀,导致局部放电,影响图像质量。

　　对于观察金相试样必须抛光处理。对于复合材料的金相观察,则试样抛光要求较高,划痕要少,该类样品的制备难度较大。

2) 粉末试样的制备

粉末试样的制备包括样品收集、固定和定位等环节。其中粉末的固定是关键,通常用表面吸附法、火棉胶法、银浆法、胶纸(带)法和过滤法等。最常用的是胶纸法,即先把两面胶纸粘贴在样品台上,然后将粉末撒在胶纸上,用气吹吹去未粘住的多余粉末即可。对不导电的粉体仍需喷涂导电膜处理。

2. SEM 电镜操作

1) SEM 的启动

(1) 抽真空。对热发射的钨丝电子枪要求真空度达到 1.3×10^{-3} Pa,耗时 20~30 min。指示灯亮,表明真空状态已准备好。

(2) 加高压。确认达到真空状态后,可施加高压,如 20 kV,当电子束电流的指针指到相应位置如 20 μA 时,表明电子枪已正常地施加了高压。如果指针位置不正确,应查找原因,直至正常为止。

(3) 加电流。施加高压并正常工作后,可给电子枪灯丝施加加热电流。此时应缓缓转动灯丝加热电流旋钮,使束流指针逐渐增至饱和值,扫描电镜便处于工作状态了。

注意:在施加高压前,应预先接通电源和显示装置等的稳压电源并预热 30 min 左右使其稳定。调节 SEM 显示器(CRT)的量度与衬度旋钮,如果 CRT 上的量度变化正常,即表明仪器状态良好,可以投入工作,进行显微组织观察分析了。

2) 电子光学系统的合轴操作

该操作一般采用电磁法,并由计算机完成操作。有时也可由人工操作完成。具体方法如下:

(1) 改变聚光镜电流大小时,CRT 上的图像不变化而仅仅量度改变,表明聚光镜已对中。

(2) 改变放大倍数,在 CRT 上获得一个放大 5 000 倍的试样像。

(3) 改变物镜聚焦电流,CRT 上的图像位置应该不变,如果图像随聚焦旋钮转动而移动的话,表明还应调节对中物镜光栏。物镜光阑的对中方法如下:

① 先在 CRT 上调出一个 1 000 倍的二次电子像。

② 转动物镜聚焦钮使其在欠聚焦和过聚焦两种状态下变化,同时观察 CRT 上试样像某个特征形貌是否移动,如果移动,则慢慢调节物镜光阑的 x 与 y 螺旋调节钮,对中物镜光阑,直到物镜聚焦量在欠焦和过焦之间变化时,CRT 上的图像不移动而仅仅失焦。此时物镜光阑初步对中。

③ 再将二次电子像放大倍数提高到 5 000~10 000 倍,重复上述步骤,如果图像在较高的放大倍数下,不随聚焦电流的变化而变化,此时,聚光镜光阑的对中基本完成。

如果物镜光阑电子光学光轴合轴不好以及光阑孔污染,均会引起像散,因此,必须合轴良好,光阑干净才能获得高放大倍数、高质量的图像。

3) 更换试样

(1) 切断灯丝电流、高压、显示器和扫描系统电源。待 2 min 左右灯丝冷却后对镜筒放气。

(2) 将试样移动机构回到原始位置,打开样品室,取出样品台,注意样品台及其他部件不要碰撞样品室。

(3) 取下样品座,将所需样品放在样品台上,调整试样标准高度,然后将样品台放入样品室。

（4）重新对镜筒抽真空。约 5 min 后仪器可进入工作状态。

4）二次电子像的观察与分析

通常采用二次电子进行成像分析。在探测器收集极的正电位作用下（250～500 V），二次电子被吸进收集极，然后被带有 10 kV 加速电压的加速极加速，打到闪烁体上产生光信号，经光导管输送到光电倍增管，光信号有转化为电信号并经放大后输送到显示系统，调制显像管栅极，从而显示反应试样表面特征的二次电子像。

为了获得高质量的图像，应合理选择以下各种参数：

（1）高压值的选择。二次电子像的分辨率随加速电压增加而提高。加速电压愈高，分辨率愈高，荷电效应愈大，污染的影响愈小，外界干扰愈小，像质衬度愈大。一般原子序数较小的试样，选用较低的加速电压，防止电子束对试样穿透过深和荷电效应。

（2）聚光镜电流的选择。在高压和光阑固定的情况下，调节聚光镜电流，可改变电子束束流的大小。聚光镜激磁电流愈大，电子束流愈小，束斑直径也愈小，从而提高分辨率，但因束流减小，会使二次电子的产额减少，图像变得粗糙，噪音增大。

（3）末级（物镜）光阑的选择。光阑孔径与景深、分辨率及试样照射电流有关。光阑孔径愈大，景深愈小，分辨率愈低，试样照射电流愈大，反之亦然。通常选择 $300~\mu m$ 和 $200~\mu m$ 的光阑。

（4）工作距离和试样倾角的选择。工作距离是指物镜（聚光镜）的下极靴端面距样品表面的距离。通常由微动装置的 z 轴调节。工作距离小，分辨率高，反之亦然。通常为 10～15 mm，高的分辨率时采用 5 mm，为了加大景深可增加工作距离至 30 mm。二次电子像衬度与电子束的入射角（入射束方向与样品表面的法线方向的夹角）有关，入射角愈大，其二次电子的产额会愈大，像衬度愈高。故平坦试样通常需加大入射角以提高像衬度。

（5）聚焦与像散校正。通过聚焦调节钮进行聚焦。由于扫描电镜的景深较大，通常在高倍下聚焦，低倍下观察。当电子通道污染时，会产生像散，即在过焦和欠焦时图像细节在互为 90°的方向上拉长，需用消像散器校正。

（6）放大倍数的选择。根据实际观察时的具体细节而定。

（7）亮度与对比度的选择。亮度是通过调节前置放大器的输入信号的电平来进行的。对比度则是通过光电倍增管的高压来改变输出信号的强弱来进行的。平坦试样应增加对比度，如果图像明暗对比十分严重，应加大灰度，使明暗对比适中。

5）图像记录

通过反复调节，获得满意的图像后即可进行照相记录。照相时，应适当降低增益，并将图像的亮度和对比度调整到适当的范围内，以获得背景适中、层次丰富、立体感强且柔和的照片。

6）关机

按开机的逆程序进行。需注意：在关断扩散泵电源约 30 min 后再关机械泵的电源。

六、实验报告要求

1. 简述扫描电镜的基本结构及特点。

2. 具体说明扫描电镜表面形貌衬度和原子序数衬度的应用。

七、实验注意事项

1. 金相试样观察表面形貌时应保证其表面的抛光质量。
2. 观察不良导电体时,注意避免荷电现象。

八、实验思考题

1. 简述扫描电镜观察表面形貌的基本原理。
2. 简述二次电子和 X 射线在扫描电镜中的作用。
3. 对陶瓷等非导电体试样需进行怎样的处理才能进行形貌观察?

实验 15　电子探针分析

一、实验目的

1. 了解电子探针的结构、原理。
2. 掌握电子探针的实验方法及其应用。

二、实验内容

1. 对照仪器,了解操作的基本过程,了解各操作步骤的目的及其注意事项。
2. 观察 45 钢、T8 钢及内生型铝基复合材料的表面形貌特征,记录二次电子像。
3. 测定 45 钢、T8 钢及内生型铝基复合材料各组成相的能谱图,分析各组成相的成分。

三、实验仪器设备与材料

Quant 250FEG 扫描电子显微镜附带电子探针,见图 14-1 所示;扫描试样。

四、实验原理

电子探针是一种利用电子束作用样品后产生的特征 X 射线进行微区成分分析的仪器,其结构与扫描电镜基本相同,所不同的只是电子探针检测的是特征 X 射线,而不是二次电子或背散射电子,因此,电子探针可与扫描电镜融为一体,在扫描电镜的样品室配置检测特征 X 射线的谱仪,即可形成多功能于一体的综合分析仪器,实现对微区进行形貌、成分的同步分析。当谱仪用于检测特征 X 射线的波长时,称为电子探针波谱仪(WDS),当谱仪用于检测特征 X 射线的能量时,则称为电子探针能谱仪(EDS)。当然,电子探针也可与透射电镜融为一体,进行微区结构和成分的同步分析。

根据电子探针的工作方式可分为:

1. 点分析

将电子束作用于样品上的某一点,波谱仪分析时改变分光晶体和探测器的位置,收集分析点的特征 X 射线,由特征 X 射线的波长判定分析点所含的元素;采用能谱仪工作时,几分钟内可获得分析点的全部元素所对应的特征 X 射线的谱线,从而确定该点所含有的元素及其相对含量。

2. 线分析

将探针中的谱仪固定于某一位置,该位置对应于某一元素特征 X 射线的波长或能量,然后移动电子束,在样品表面沿着设定的直线扫描,便可获得该种元素在设定直线上的浓度分布曲线。改变谱仪位置,则可获得另一种元素的浓度分布曲线。

3. 面分析

将谱仪固定于某一元素特征 X 射线信号（波长或能量）位置上，通过扫描线圈使电子束在样品表面进行作光栅扫描（面扫描），用检测到的特征 X 射线信号调制成荧光屏上的亮度，就可获得该元素在扫描面内的浓度分布图像。图像中的亮区表明该元素的含量高。若将谱仪固定于另一位置，则可获得另一元素的面分布图像。

从分析电子探针的工作原理可将电子探针分析分为：

（1）定性分析

根据特征 X 射线与原子序数的关系即莫塞莱公式：

$$\sqrt{\frac{1}{\lambda}} = K_2(Z - \sigma) \tag{15-1}$$

其中 K_2 和 σ 均为常数，Z 为原子序数。由此可知所测元素的种类，进行材料成分的定性分析。

（2）定量分析

定量分析是在定性分析的基础上进行的。由于入射电子在试样中不仅激发特征 X 射线，还因受到原子电场的减速作用而发射连续 X 射线，连续 X 射线构成 X 射线能谱的背景。定量分析时应妥善扣除该背景，应用适当的标准样品，通过基质校正把试样与标样中被分析元素的特征 X 射线强度比变换成浓度比。

五、实验方法和步骤

1. 定性分析的步骤

（1）选择合适参数。根据分析目的选择合适的加速电压、电子束流和分光晶体，以形成高质量的二次电子像，并选择试样的待分析区。

（2）选择合适的工作方式。根据分析目的选择合适的工作方式：点分析、线扫描和面扫描。若应用计算机程序分析，则调入有关程序。

（3）采集能谱。采集时间一般为几十秒至一百秒。总计数率控制在每秒 1 000～3 000 之间，死时间保持在 30% 以下。调节入射电子束束流和直径可改变计数率的大小，此外，还可通过增加物镜光阑孔径、减小工作距离来提高计数率。

（4）表征特征峰。通过查表的方式对各强峰一一标定。表征时应按能量从高到低的顺序逐渐进行。

（5）表征弱小峰。对于含量较少的元素其特征峰也较低，有时会与背景相混，难以分辨。此时可在可能存在小峰的位置及其两侧背景分别取相同宽度的能量窗口，并得出各窗口内的总计数 N_P、N_{B1} 和 N_{B2}，如果两侧背景窗口计数的平均值 $\bar{N}_B = \dfrac{N_{B1} + N_{B2}}{2}$ 与小峰的总计数 N_P 满足条件：$N_P > 3\sqrt{\bar{N}_B}$，则可认定该弱小峰存在。当不能肯定时，可延长采集时间。如果微量分析很重要，则需采用波谱法进行定性分析，以便更精确更可靠地测定这些微量元素。

（6）剔除硅逃逸峰。硅逃逸峰产生的原因是由于被 X 射线激发出探测器硅晶体的特征

X射线,其中一部分特征X射线穿透探测器"逃逸"而未被检测到,因而记录到的脉冲信号相当于由能量$(E-E_{Si})$的光子所产生的。硅的K_a谱线能量为1.74 keV,因此,在能量比元素主峰能量E小1.74 keV$(=E_{Si})$的位置出现Si逃逸峰。其强度为相应元素主峰的约1%到0.01%之间。只有能量高于硅的K_a系临界激发能时,被测X射线才有Si逃逸峰。分析时应将其剔除,并将其计数加在相应主峰的计数内。

(7) 和峰的识别。当计数率较高时,可能会有两个X光子同时进入探测器晶体,它们产生的电子空穴对相当于一个X光子所产生的,因而在能量谱上能量为两光子能量之和的位置上呈现出一个谱峰即和峰。定性分析时,当鉴别出主要的元素后,应确定出这些元素主峰的和峰位置,在这些位置上出现的谱峰如果与各个元素的特征峰不符,就应考虑和峰的存在。当出现和峰时,应降低计数率重新采峰。

(8) 重叠峰的识别。当材料中含有多种元素时,元素的特征峰发生干扰甚至重叠时有发生。当两重叠峰的能量差小于50 eV时就难以区分。即使采用谱峰分离法分开后也难以精确分析了,如发生重叠峰现象时,就应再用波谱仪重新定性分析了。

(9) 存储分析结果。

2. 定量分析的步骤

(1) 测出试样中某元素A的特征X射线的强度I'_A;

(2) 同一条件下测出标准样纯A的特征X射线强度I'_{A0};

(3) 扣除背底和计数器死时间对所测值的影响,得相应的强度值I_A和I_{A0};

(4) 计算元素A的相对强度K_A:

$$K_A = \frac{I_A}{I_{A0}} \tag{15-2}$$

理想情况下,K_A即为元素A的质量分数m_A,由于标准样不可能绝对纯和绝对平均,此外还要考虑样品原子序数、吸收和二次荧光等因素的影响,为此,K_A需适当修正,即

$$m_A = Z_b A_b F K_A \tag{15-3}$$

式中:Z_b—— 原子序数修整系数;

A_b—— 吸收修整系数;

F—— 二次荧光修整系数。

一般情况下,原子序数$Z > 10$,质量浓度$>10\%$时,修正后的浓度误差可控制在5%之内。

需指出的是,电子束的作用体积很小,一般仅为10 μm^3,故分析的质量很小。如果物质的密度为10 g/cm^3,则分析的质量仅为10^{-10} g,故电子探针是一种微区分析仪器。

六、实验报告要求

1. 简述电子探针的分析原理。

2. 简述为何电子探针用于抛光样品。

3. 举例说明电子探针在材料研究中的应用。

七、实验注意事项

1. 探针试样表面抛光的质量应高。
2. 探针分析的是元素的种类及其含量，而非相的分析。

八、实验思考题

1. 电子探针能否进行组织分析？
2. 电子探针能否测定组成相的结构？
3. 简述电子探针的基本原理、特点及用途。

实验 16　扫描透射电子显微镜形貌分析

一、实验目的

1. 了解扫描透射电子显微镜的结构、原理。
2. 了解扫描透射电子显微镜的实验方法及其应用。

二、实验内容

1. 对照仪器，了解仪器操作的基本过程，熟悉各操作步骤的目的及其注意事项。
2. 观察 45 钢、T8 钢及内生型铝基复合材料的表面形貌特征，记录二次电子像。
3. 测定 45 钢、T8 钢及内生型铝基复合材料各组成相的能谱图，分析各组成相的成分。

三、实验仪器设备与材料

FEIF20 电子透射电镜，见图 16-1 所示；扫描透射电镜试样。

图 16-1　FEIF20 电子透射电镜

四、实验原理

扫描透射电子显微镜（Scanning transmission electron microscope，STEM）是指透射电子显微镜中加装扫描附件，是透射电子显微镜（Transmission electron microscope，TEM）和扫描电子显微镜（Scanning electron microscope，SEM）的有机结合，综合了扫描和普通

透射电子分析的原理和特点的一种新型分析方式。像 SEM 一样，STEM 用电子束在样品的表面扫描进行微观形貌分析，不同的是探测器置于试样下方，接受透射电子束流荧光成像；又像 TEM，通过电子穿透样品成像进行形貌和结构分析。STEM 能获得 TEM 所不能获得的一些特殊信息。

图 16-2 为扫描透射电子显微镜的成像示意图。为减少对样品的损伤，尤其是生物和有机样品对电子束敏感，组织结构容易被高能电子束损伤，为此采用场发射，电子束经磁透镜和光阑聚焦成原子尺度的细小束斑，在线圈控制下电子束对样品逐点扫描，试样下方置有独特的环形检测器。分别收集不同散射角度 θ 的散射电子（高角区 $\theta_1 > 50$ mrad；低角区 $\theta_2 > 10 \sim 50$ mrad；中心区 $\theta_3 < 10$ mrad），由高角环形探测器收集到的散射电子产生的暗场像，称高角环形暗场像（High angle annual dark field，HAADF）。因收集角度大于50 mrad时，非相干电子信号占有主要贡献，此时的相干散射逐渐被热扩散散射取代，晶体同一列原子间的相干影响仅限于相邻原子间的影响。在这种条件下，每一个原子可以被看作独立的散射源，散射横截面可做散射因子，且与原子序数 Z 的平方成正比，故图像亮度正比于原子序数的平方（Z^2），该种图像又称为原子序数衬度像（或 Z 衬度像）。通过散射角较低的环形检测器的散射电子所产生的暗场像称 ADF 像，因相干散射电子增多，图像的衍射衬度成分增加，其像衬度中原子序数衬度减少，分辨率下降。而通过环形中心孔区的电子可利用明

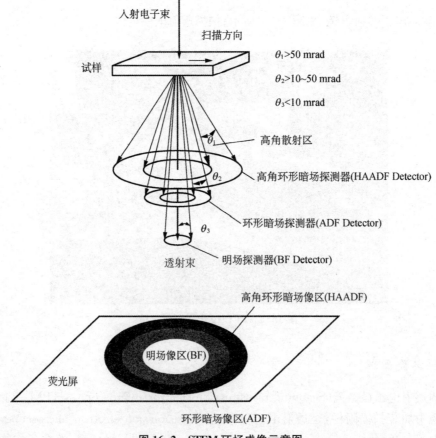

图 16-2　STEM 环场成像示意图

场探测器形成高分辨明场像。

注意：① 扫描透射电子显微镜不同于扫描隧道电子显微镜（Scanning tunneling microscope，STM），扫描隧道电子显微镜是一种利用量子理论中电子在原子间的量子隧穿效应，探测样品表面的隧道电流，将物质表面原子的排列状态转换为图像信息，反映物质表面结构信息的仪器，称扫描隧道显微镜（STM）。STM 是探测物质表面结构的仪器。在量子隧穿效应中，原子间距离与隧穿电流关系相应。通过移动着的探针与物质表面的相互作用，表面与针尖间的隧穿电流反馈出表面某个原子间电子的跃迁，由此可以确定出物质表面的单一原子及它们的排列状态。

② 扫描透射电子显微镜不同于扫描电镜，扫描电镜是电子束作用样品表面，利用对试样表面形貌变化敏感的物理信号如二次电子、背散射电子等作为显像管的调制信号得到形貌衬度像，其强度是试样表面倾角的函数。而试样表面微区形貌差别实际上就是各微区表面相对于入射束的倾角不同，因此电子束在试样上扫描时，任何两点的形貌差别，表现为信号强度的差别，从而在图像中形成显示形貌的衬度。二次电子像的衬度是最典型的形貌衬度。

③ 扫描透射电子显微镜与 TEM 的成像存在一定的关联性，它们均是透射电子成像。STEM 主要成 HADDF 像、ADF 像，它由透射电子中非弹性散射电子为信号载体，而 TEM 则主要由近轴透射电子中的弹性散射电子为信号载体。TEM 的加速电压较高（一般为120～200 kV），对于有机高分子、生物等软材料样品的穿透能力强，形成的透射像衬度低。而 STEM 的加速电压较低（一般用 10～30 kV），观察生物样品时，样品无需染色直接观察即可获得较高衬度的图像。STEM 可对样品同时成扫描二次电子像和透射像，既可以得到同一位置的表面形貌信息，又可以得到内部结构信息，避免了在扫描电镜和透射电镜之间转换样品、定位样品的麻烦。扫描电镜 SEM 主要反映试样表面形貌，扫描隧道电镜 STM 主要反映试样表面原子排列状态，为试样表面形貌像。而 STEM 与 TEM 反映的是试样中组成相的形貌。

五、实验方法和步骤

1. 在 FEG Registers 页面调取 STEM 光路（图 16-3）。

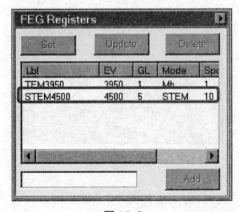

图 16-3

2. 在 STEM 成像模式下,点击"Search"键,寻找样品感兴趣区域(图 16-4)。

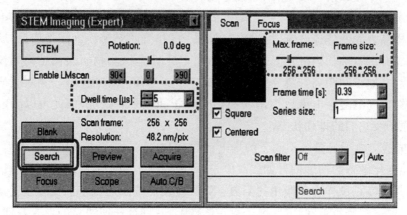

图 16-4

3. 可以在低背模式下寻找样品:勾选 Enable LMscan,旋转 Magnification 调节放大倍数(图 16-5)。

图 16-5

4. 点击 Eucentric focus 按钮恢复透镜电流至出厂设置,用调节样品 Z 高度,使样品位于透镜机械轴心(图 16-6)。

图 16-6

5. 点击 Scope,调节图像衬度/亮度如图 16-7 所示。

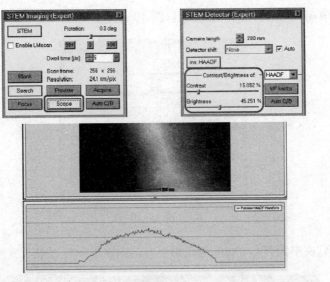

图 16-7

6. 拖动 Display 底下的进程条,改变图像衬度、亮度和衬度/亮度比例(图 16-8)。

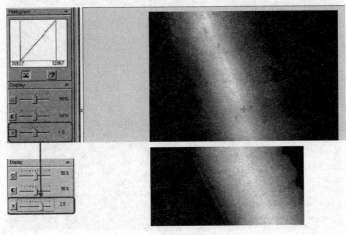

图 16-8

7. 停止 STEM search,开始 CCD search,抬起荧光屏(图 16-9)。

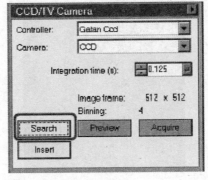

图 16-9

8. 退出 HAADF 探头，调节相机长度(图 16-10)。

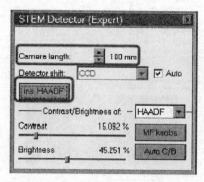

图 16-10

9. 在 DM 软件中调节 Gamma 值使得更宽的图像细节可以被观察到(图 16-11)。

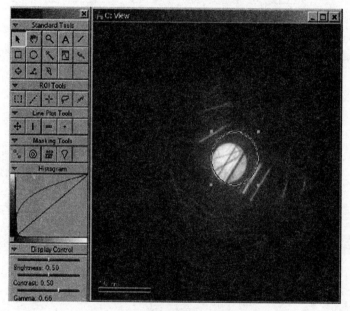

图 16-11

10. 倾转样品台使样品处于某晶体学取向(图 16-12)。

图 16-12

11. 停止 CCD 相机，插入 HAADF 探头，将相机长度调整为 200 mm，开始 STEM Search，用 Z 键聚焦试样，直到试样边沿清晰。

12. 开始 STEM Search，将样品非晶区移到视场中心（图 16-13）。

图 16-13

13. 停止 STEM Search，开始 CCD Search，抬起荧光屏。

14. 改变聚光镜 C2 光阑尺寸，采用最大孔径光阑（150 μm）。

15. 聚焦并调节 Ronchigram（熔池像）（图 16-14）。

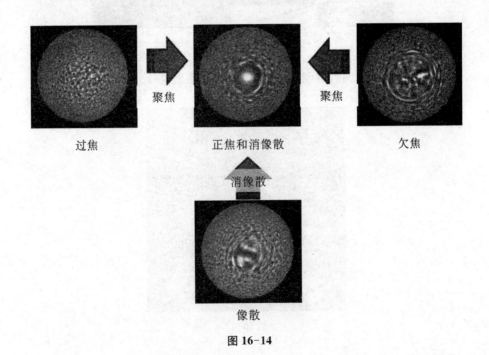

图 16-14

16. 调节 C2 光阑的位置，使得熔池像位于 C2 光阑中心（图 16-15）。

17. 回到晶体区域，开始 STEM Preview，将放大倍数调到 91 万倍，用 Z 键或者聚焦旋

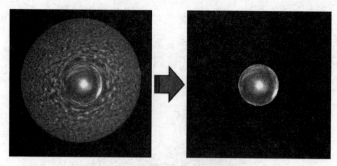

图 16-15

钮调焦(图 16-16)。

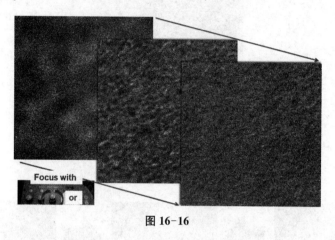

图 16-16

18. 进一步提高放大倍数,微调焦距,可以看到晶格条纹(图 16-17)。

图 16-17

19. 重新回到 CCD 模式,再次微调样品取向,使得样品在严格的晶带轴下投影(图 16-18)。

20. 点击 Stigmator,通过多功能键上方的 Fine 按钮调节多功能键的步长,然后旋转多功能键 X 和 Y 消除像散(图 16-19)。

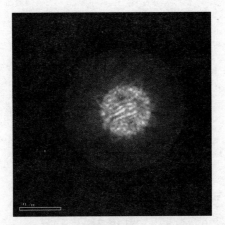

图 16-18

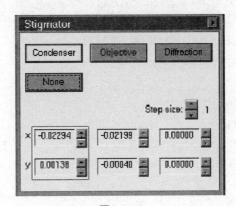

图 16-19

21. 在 Focus 模式下对图像进行聚焦(图 16-20)。

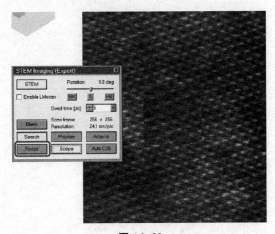

图 16-20

22. 用 Acquire 获取图像,图像像素可以选择:512×512 或 1 024×1 024(图 16-21)。

图 16-21

六、实验报告要求

1. 测定试样的 TEM、HAADF、ADF 和 SEM 图。
2. 比较和分析四种图之间的差异性。

七、实验注意事项

1. 保证试样的制样质量。
2. 合理选择加速电压。

八、实验思考题

1. TEM、HAADF、ADF、SEM 图衬度有何区别与联系？
2. 试比较 TEM、HAADF、ADF、SEM 四者的成像质量。

实验 17　热　分　析

一、实验目的

1. 了解 STA449C 综合热分析仪的原理及仪器装置。
2. 学习使用 TG-DSC 综合热分析方法。

二、实验内容

1. 对照仪器了解各步具体的操作及其目的。
2. 测定纯 Al-TiO$_2$ 升温过程中的 DSC、TG 曲线，分析其热效应及其反应机理。
3. 运用分析工具标定热分析曲线上的反应起始温度、热焓值等数据。

三、实验仪器设备与材料

STA 449C 热分析仪，见图 17-1 所示；试样等。

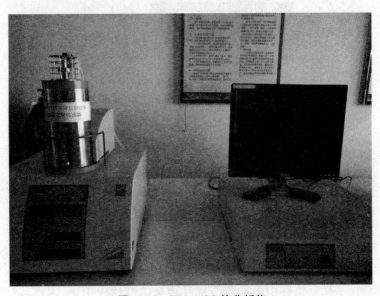

图 17-1　STA 449C 热分析仪

四、实验原理

热分析(Thermal analysis，TA)技术是指在程序控温和一定气氛下，测量试样的物理性质随温度或时间变化的一种技术。常见的有热重分析、差热分析、差示扫描量热分析等。

热分析技术主要用于测量和分析试样物质在温度变化过程中的一些物理变化(如晶型转变、相态转变及吸附等)、化学变化(分解、氧化、还原、脱水反应等)及其力学特性的变化,通过对这些变化的研究,可以认识试样物质的内部结构,获得相关的热力学和动力学数据,为材料的进一步研究提供理论依据。

综合热分析是在相同的热条件下利用由多个单一的热分析仪组合在一起,形成综合热分析仪,对同一试样同时进行多种热分析的方法(图17-2)。

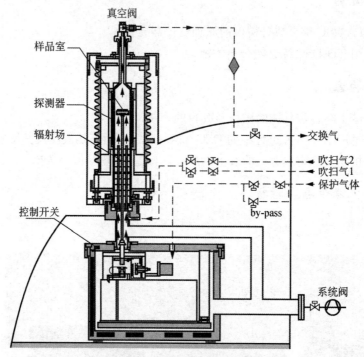

图 17-2　STA 449C 型热分析仪

1. TG 分析原理

热重法(Thermogravimetry,TG)是指在程序控温下,测量物质的质量随温度变化的关系。采用的仪器为日本人本多光太郎于 1915 年制作的零位型热天平(图17-3)。其工作原理如下:在加热过程中如果试样无质量变化,热天平将保持初始的平衡状态,一旦样品中有质量变化时,天平就失去平衡,并立即由传感器检测并输出天平失衡信号。这一信号经测重系统放大后,用以自动改变平衡复位器中的线圈电流,使天平又回到初时的平衡状态,即天平恢复到零位。平衡复位器中的电流与样品质量的变化成正比,因此,记录电流的变化就能得到试样质量在加热过程中连续变化的信息,而试样温度或炉膛温度由热电偶测定并记录。这样就可得到试样质量随温度(或时间)变化的关系曲线即热重曲线。热天平中装有阻尼器,其作用是加速天平趋向稳定。天平摆动时,就有阻尼信号产生,经放大器放大后再反馈到阻尼器中,促使天平快速停止摆动。

2. DTA 分析原理

差热分析(Differential thermal analysis,DTA)是指在程序控温下,测量试样物质 (S)

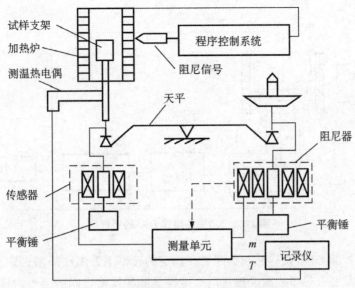

图 17-3　零位型热天平的结构原理图

与参比物（R）的温差（ΔT）随温度或时间变化的一种技术（图 17-4）。在所测温度范围内，参比物不发生任何热效应，如 $\alpha\text{-}Al_2O_3$ 在 $0\sim1\,700\ ℃$ 范围内无热效应产生，而试样却在某温度区间内发生了热效应，如放热反应（氧化反应、爆炸、吸附等）或吸热反应（熔融、蒸发、脱水等），释放或吸收的热量会使试样的温度高于或低于参比物，从而在试样与参比物之间产生温差，且温差的大小取决于试样产生热效应的大小，由 X-Y 记录仪记录下温差随温度 T 或时间 t 变化的关系即为 DTA 曲线。

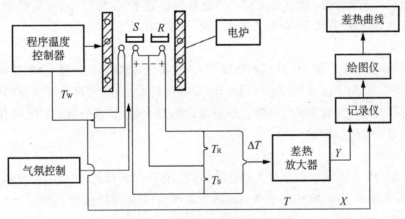

图 17-4　DTA 差热分析结构原理图

3. DSC 分析原理

差示扫描量热法（Differential scanning calorimetry，DSC）是指在程序控温下，测量单位时间内输入到样品和参比物之间的能量差（或功率差）随温度变化的一种技术。按测量方法的不同，DSC 仪可分为功率补偿式和热流式两种。图 17-5 即为功率补偿式差示扫描量热仪原理示意图。样品和参比物分别具有独立的加热器和传感器，整个仪器有两条控制

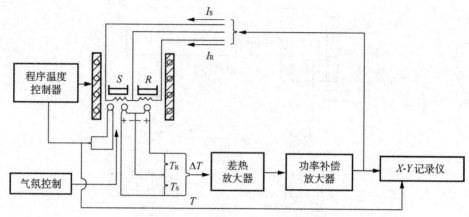

图 17-5　功率补偿式 DSC 的原理图

电路,一条用于控制温度,使样品和参照物在预定的速率下升温或降温;另一条用于控制功率补偿器,给样品补充热量或减少热量以维持样品和参比物之间的温差为零。当样品发生热效应时,如放热效应,样品温度将高于参比物,在样品与参比物之间出现温差,该温差信号被转化为温差电势,再经差热放大器放大后送入功率补偿器,使样品加热器的电流 I_S 减小,而参比物的加热器电流 I_R 增加,从而使样品温度降低,参比物温度升高,最终导致两者温差又趋于零。因此,只要记录样品的放热速度或吸热速度(即功率),即记录下补偿给样品和参比物的功率差随温度 T 或时间 t 变化的关系,就可获得试样的 DSC 曲线。

4. 影响 DTA、DSC 曲线的主要因素

(1) 升温速率

升温速率会影响峰位、峰形和面积。当提高升温速率时,峰形变尖、面积变大,峰位向高温方向移动,基线漂移加大,峰形分辨率下降,一般 10 K/min 为宜。

(2) 气氛

气氛对 DSC、DTA 和 TG 曲线的影响较大,如氧化气氛时,会增重,会氧化放热产生放热峰等。气氛压力对不涉及气相的物理变化,如晶型转变、结晶和熔融等的影响较小,可以忽略。但对有气体产生或消耗气体的化学反应或物理变化,如热分解、升华、气化、氧化等,压力对转变温度有明显影响。

(3) 试样量

一般用量为 5~15 mg,用量过大则会导致内部传热时间延长,形成的温度梯度愈大,峰形会扩张,分辨率会下降,峰顶温度会向高温方向移动,即温度滞后会更严重。

(4) 试样粒度、状态

粒度的大小会影响峰形,甚至峰位。当试样是化学反应试样,则粒度变小,会使反应温度提前,即峰位迁移;同理,熔点也会减小,致使峰位前移。块状试样不同于粉态试样,块状化学反应试样会使反应更加集中,峰位滞后。

(5) 参比物

要求参比物在所测温度范围内不发生任何物理或化学效应,即为惰性体。同时还要求参比物与试样的比热和热导率尽量相当,否则会使基线漂移增大。

五、实验方法和步骤

1. 操作条件

(1) 环境安静,尽量避免人员走动。

(2) 保护气体(Protective):Ar、He、N_2 等。目的用于操作过程中对仪器和天平进行保护,以防止受到样品在加加热时产生的毒性及腐蚀性气体的侵害。压力:0.05 MPa,流速<30 mL/min,一般为 15 mL/min,该开关始终为开启状态。

(3) 吹扫气体(Purge1/Purge2):在样品测试过程中用作气氛或反应气,一般为惰性气体,也可为氧化性气体(空气、氧气等),或还原性气体(H_2,CO 等)。但对氧化性或还原性气体应慎重选择,特别是还原性气体会缩短机架的使用寿命,腐蚀仪器的零部件。压力:0.05 MPa,流速<100 mL/min,一般为 20 mL/min。

(4) 恒温水浴:保证天平在恒温下工作,一般调整为比环境温度高 2~3 ℃。

(5) 空气泵:保证测量空间具有一定的真空度,可以反复进行,一般抽三次即可。

2. 样品准备

(1) 检查并核实样品及其分解产物不会与坩埚、支架、热电偶或吹扫气体进行反应。

(2) 对测量所用的坩埚及参比坩埚预先进行高于测量温度的热处理,以提高测量精度。

(3) 试样可以是液体、固体、粉体等形态,但须保证试样与坩埚底部的接触良好,样品适量(坩埚 1/3 或 15 mg),以减小样品中的温度梯度,确保测量精度。

(4) 对热反应激烈的试样或会产生气泡的试样,应减少用量。同时坩埚加盖,以防飞溅,损伤仪器。

(5) 用仪器内部天平称量时,需等天平稳定,及出现 mg 字样时,读数方可精确。

(6) 测试时样品温度必须达到室温及天平稳定后才能开始。

3. 开机

(1) 开机过程无先后顺序。为保证仪器稳定精确的测试,STA449C 的天平主机应一直处于带电开机状态,除长期不使用外,应避免频繁开关机。恒温水浴及其他仪器应至少提前 1 h 打开。

(2) 开机后,首先调整保护气体及吹扫气体的输出压力和流量大小至合理值,并等其稳定。

4. 样品称重

(1) 点击 weigh…进入称重窗口,待 TG 稳定后按 Tare。

(2) 称重窗口中的 Crucible mass 栏变为 0.000 mg。

(3) 打开装置,将样品置入试样坩埚。

(4) 将坩埚置入支架,关闭装置。

(5) 称重窗口中将显示样品质量。

(6) 待质量稳定后,按 store 将样品质量存入。

(7) 点击 OK 退出称重窗口。

5. 基线的测量

过程:打开电脑→进入 STA 449C→工具栏→新建→修整→编号→继续→206599→点击→206599→打开→勾上吹扫气 2 和保护气→设定升温参数:终点温度,升温速率等→结束→设定等待参数:等待温度,升温速率,最长等待时间等→点击⊕进入降温参数设定→提交→继续→保存设定→完成→进行基线测定。

6. 样品的测试

过程:进入基线→选样品+修正→测量程序→测试完成时自动记录所测文件。导出图元文件和数据即可。

7. 结果分析

1) TG 曲线结果分析

点击工具栏上的"mass change"按钮,进入 TG 分析状态,并在屏幕上出现两条竖线。根据一次微分曲线和 DSC(or DTA)曲线确定出质量开始变化的起点和终点,用鼠标分别拖动该两条竖线,确定出 TG 曲线的质量变化区间,然后点击"apply"按钮,电脑自动算出该区间质量变化率;如果试样在整过测试温度区间有多个质量变化的分区间,依次重复上述步骤进行操作,直至全部算出各个质量变化区间的质量变化率,然后点击"OK"按钮,即完成 TG 分析。

2) DTA 或 DSC 曲线分析

(1) 反应开始温度分析

点击工具栏中的"onset"按钮,进入分析状态,并在屏幕上显示两条竖线。根据一次微分曲线和 DSC(or DTA)曲线,确定出曲线开始偏离基线的点和峰值点,用鼠标分别拖动该两条竖线,至确定的两条曲线上,点击"apply"按钮,自动算出反应的开始温度,质量开始变化的起点和终点,然后点击"OK"按钮,即完成分析操作。

(2) 峰值温度分析

点击工具栏中的"peak"按钮,进入分析状态,并在屏幕上显示两条竖线。根据一次微分曲线和 DSC(or DTA)曲线,确定出曲线的热反应峰点,用鼠标分别拖动该两条竖线,至曲线上峰点的两侧,确定的两条曲线上,点击"apply"按钮,自动标出峰值温度,然后点击"OK"按钮,完成操作分析。

(3) 热焓分析

点击工具栏中的"aera"按钮,进入分析状态,并在屏幕上显示两条竖线。根据一次微分曲线和 DSC 曲线,确定出曲线的热反应峰及其曲线开始偏离基线的点和反应结束后回到基线的点,用鼠标分别拖动该两条竖线至曲线上两个确定的点上,点击"apply"按钮,自动算出反应热焓,然后点击"OK"按钮,完成分析操作。

完成以上全部内容后,打印输出,测试分析操作结束。

六、实验报告要求

1. 测定一反应体系 $Al-TiO_2$ 的 DSC、TG 曲线。

2. 运用分析软件分析其热效应峰。

3. 结合反应热力学原理分析反应过程。

七、实验注意事项

1. 注意环境的安静,否则影响曲线的质量。
2. 样品的用量尽量一致。
3. 合理选择保护气氛。

八、实验思考题

1. 比较 DSC、DTA、TG 之间的区别与联系。
2. 简述热分析曲线在化学反应机理分析中作用。

实验 18　原子力显微镜形貌分析

一、实验目的

1. 了解原子力显微镜成像的基本原理。
2. 熟悉原子力显微镜成像操作步骤。
3. 学习掌握原子力显微像的分析方法。

二、实验内容

1. 以复合材料、陶瓷薄膜为对象,按实验步骤进行测试,获得原子力显微像。
2. 由教师分析显微像,与同学共同讨论显微像的特征。

三、实验仪器设备与材料

BRUKER 原子力显微镜,见图 18-1 所示;试样等。

图 18-1　BRUKER 原子力显微镜

四、实验原理

1. 原子力显微镜的工作原理

原子力显微镜与扫描隧道电镜的区别在于它是利用原子间的微弱作用力来反映样品表面形貌的,而扫描隧道电镜利用的则是隧道效应。假设两个原子,一个在纳米级探针上,探针被固定在一个对力极敏感的可操控的微米级弹性悬臂上,悬臂绵薄而修长,另一个原子在试样表面,如图 18-2 所示。当探针针尖与样品的距离不同,其作用力的大小和性质也不相同,如图 18-3 所示。开始时,两者相距较远,作用表现为吸引力;随着两者间距的减小,吸引力增加,增至最大值后又减小,在 $z = z_0$ 时,吸引力为 0。当 $z < z_0$ 时,作用力表现为斥力,且提高迅速。

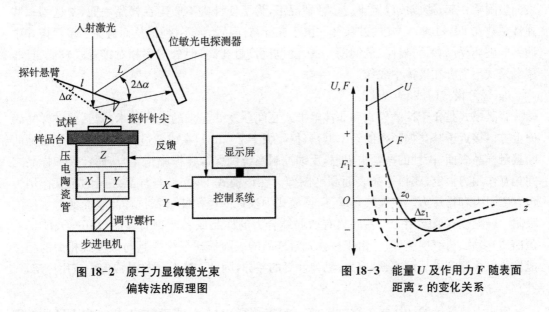

图 18-2　原子力显微镜光束　　　　　图 18-3　能量 U 及作用力 F 随表面
偏转法的原理图　　　　　　　　　　　　距离 z 的变化关系

当对样品表面进行扫描时,针尖与样品之间的作用力会使微悬臂发生弹性变形,微悬臂形变的检测方法一般有电容、隧道电流、外差、自差、激光二极管反馈、偏振、偏转等方法,其中偏转方法采用最多,也是原子力显微镜批量生产所采用的方法。根据扫描样品时探针的偏移量或改变的振动频率重建三维图像,就能间接获得样品表面的形貌。

2. 原子力显微镜的工作模式

原子力显微镜主要有三种工作模式:接触模式、非接触模式和轻敲模式。

1) 接触模式(1986 年发明)

针尖和样品物理接触并在样品表面上简单移动,针尖受范德华力和毛细力的共同作用,两者的合力形成接触力,该力为排斥力,大小为 $10^{-8} \sim 10^{-11}$ N,会使微悬臂弯曲。针尖在样品表面扫描(压电扫描管在 X、Y 方向上移动)时,由于样品表面起伏使探针带动微悬臂的弯曲量变化,从而导致激光束在位敏光电检测器上发生改变,这个信号反馈到电子控制器,驱动压电扫描管在 Z 方向上移动以维护微悬臂弯曲的形变量维持一定,这样针尖与样品表面间的作用力维持一定,并同时记录压电扫描管在 X、Y、Z 方向上的位移,从而得到样品表面的高度形貌像。这种反馈控制系统工作以维持作用力恒定的情况,一般被称为恒力模式。如果反馈控制系统关闭,则针尖恒高并不随样品表面形貌的变化而改变,这种模式称为恒高模式。恒高模式一般只用于表面很平的样品。接触模式的不足:①研究生物大分子、低弹性模量以及容易变形和移动的样品时,针尖和样品表面的排斥力会使样品原子的位置改变,甚至使样品损坏;②样品原子易黏附在探针上,污染针尖;③扫描时可能使样品发生很大的形变,甚至产生假象。

2) 非接触模式(1987 年发明)

针尖在样品上方(1~10 nm)振荡(振幅一般小于 10 nm),针尖检测到的是范德华吸引力和静电力等长程力,样品不会被破坏,针尖也不会被污染,特别适合柔软物体的样品表面;然而,在室温大气环境下样品表面通常有一薄薄的水层,该水层容易导致针尖"突跳"与表面吸附在一起,造成成像困难。多数情况下,为了使针尖不吸附在样品表面,常选用一些弹性系数在 20~100 N/m 的硅探针。由于探针与样品始终不接触,从而避免了接触模式中遇到的破坏样品和污染针尖的问题,灵敏度也比接触式高,但分辨率相对接触式较低,且非接触模式不适合在液体中成像。

3) 轻敲模式(1993 年发明)

轻敲模式是介于接触模式和非接触模式之间新发展起来的成像技术,微悬臂在样品表面上方以接近于其共振频率的频率振荡(振幅大于 20 nm),在成像过程中,针尖周期性地间断接触样品表面,探针的振幅被阻尼,反馈控制系统确保探针振幅恒定,从而针尖和样品之间相互作用力恒定,获得样品表面高度图像。在该模式下,探针与样品之间的相互作用力包含吸引力和排斥力。在大气环境下,该模式中探针的振幅能够抵抗样品表面薄薄水层的吸附。轻敲模式通常用于与基底只有微弱结合力的样品或者软物质样品(高分子、DNAs、蛋白质/多肽、脂双层膜等)。由于该模式对样品的表面损伤最少并且与该模式相关的相位成像可以检测到样品组成、摩擦力、黏弹性等的差异,因此在高分子样品成像中应用广泛。

3. 试样制备

原子力显微镜的试样制备简单易行。为检测复合材料的界面结构,需将界面区域暴露于表面。若仅检测表面形貌,试样表面不需做任何处理,可直接检测。若检测界面的微观结构,例如结晶结构或其他微观聚集结构单元,则必须将表面磨平抛光或用超薄切片机切平。

五、实验方法和步骤

1. 实验准备:原子力显微镜工作环境要求没有震动和大的噪音。其工作温度低于 25 ℃,湿度低于 50%,必要时,打开空调和除湿机(除湿机每次开启之前,要检查储水箱,将水全部倒空后再开始工作)。

2. 打开插线板电源开关,开启电脑,待电脑完全开启后,打开五型控制器,打开照明系统,打开测试软件,选定测试模式后,点击 Load,进入测试。

3. 样品准备:待测样品单边大小应不大于 Ⅰ 型铁片直径(12 mm)。极端情况时,样品一边长度可以长于铁片直径,测量时该边放置方向应于伸出 Head 的方向。样品高度需小于 1 cm,表面起伏在 10 μm 以内。将待测样品背面用双面胶或者银胶(因为银胶膨胀、滑移和蠕变较小,推荐使用)黏于特定的铁片上,放入 Head 待测。

4. 选择对应类型探针,装入夹具,将夹具放入 Head(移动夹具要非常小心,避免任何撞击)。

5. 调整样品位置,调整显微镜,选定待测位置,调整激光,使其打在 Cantilever 尖端;使 Sum 值调到指定大小,Vertical 和 Horizontal 数值都达到 0.1 以内,尽量接近 10 值。

6. 手动进针,直至接近样品表面。

7. 软件上操作：Setup 选中针尖部位，Check paprameters，使参数恢复原始值，Engage，直至进针完毕。

8. 设定所测位置边长（在 150 μm 以内），打开所需 Channel，收集数据。

9. 选定目标文件夹存储 Data，命名 Data。点击拍照保存。拍照存储中不能改变 parameter 中的任意一个参数，否则要待全图重新扫描后方能保存。

10. 测试过程中，可用 Offset 的方法小范围移动测试处，或者手动退针大范围换区；也可按需要，改变测试范围等诸多参数，进行扫描。

11. 测试完毕，点击 Withdraw，再手动退针，将夹具取出，用后将样品和铁片卸下，将探针从夹具中取出放入探针盒，夹具放在桌上安放妥当。

12. 测试完毕，用光盘拷取数据。

13. 关闭软件，再依次关闭下列设备：五型控制器、光路电源、电脑、插线板电源、除湿机及空调。登记使用记录和使用情况。清理桌上物品，搞好卫生。

六、实验报告要求

1. 测定复合材料和陶瓷薄膜的原子力显微像。
2. 分析形貌特征，比较其与 SEM 和金相的区别。

七、实验注意事项

1. 注意环境的安静，否则影响曲线的质量。
2. 样品的用量尽量一致。
3. 合理选择保护气氛。
4. 保持空调和除湿机开启状态。
5. 实验过程中规范操作，有问题及时反馈。

八、实验思考题

1. 比较 AFM、SEM、光学金相显微镜成像原理之间的区别。
2. 简述原子力显微镜的工作原理。
3. 简述原子力显微镜的应用场合。

实验 19　X 射线光电子能谱分析

一、实验目的

1. 了解 X 射线光电子能谱仪的基本原理；熟悉 X 射线光电子能谱仪的操作步骤。
2. 测试试样的 X 射线光电子能谱。
3. 学习掌握 X 射线光电子能谱的分析方法。

二、实验内容

1. 以复合材料、陶瓷薄膜为对象，按实验步骤进行测试，获得 X 射线光电子能谱。
2. 由教师分析 X 射线光电子能谱，与同学共同讨论 X 射线光电子能谱的特征。

三、实验仪器设备与材料

PHI Quantera Ⅱ XPS 仪，见图 19-1 所示；试样。

图 19-1　PHI Quantera Ⅱ XPS 仪

四、实验原理

X 射线光电子能谱仪（X-Ray Photoelectron spectroscopy，XPS）原理是利用电子束作用靶材后，产生的特征 X 射线（光）照射样品，使样品中原子内层电子以特定的概率电离，形成光电子（光致发光），光电子从产生处输运至样品表面，克服表面逸出功离开表面，进入真空被收集、分析，获得光电子的强度与能量之间的关系谱线即 X 射线光电子谱。显然光电子的产生依次经历电离、输运和逸出三个过程，而后两个过程与俄歇电子一样，因此，只有深度较浅的光电子才能能量无损地输运至表面,逸出后保持特征能量。与俄歇能谱一样,它仅能反映样品的表面信息,信息深度与俄歇能谱相同。由于光电子的能量具有特征值,因此可根据光电子谱线的峰位、高度及峰位的位移确定元素的种类、含量及元素的化学状态,分别进行表面元素的定性分析、定量分析和表面元素化学状态分析。

设光电子的动能为 E_k,入射 X 射线的能量为 $h\nu$,电子的结合能为 E_b,即电子与原子核之间的吸引能,则对于孤立原子,光电子的动能 E_k 可表示为

$$E_k = h\nu - E_b \tag{19-1}$$

考虑到光电子输运到样品表面后还需克服样品表面功 φ_s,以及能量检测器与样品相连,两者之间存在着接触电位差 $(\varphi_A - \varphi_s)$,故光电子的动能为

$$E_{k'} = h\nu - E_b - \varphi_s - (\varphi_A - \varphi_s) \tag{19-2}$$

所以

$$E_{k'} = h\nu - E_b - \varphi_A \tag{19-3}$$

其中 φ_A 为检测器材料的逸出能,是一确定值,这样通过检测光电子的能量 $E_{k'}$ 和已知的 φ_A,可以确定光电子的结合能 E_b。由于光电子的结合能对于某一元素的给定电子来说是确定的值,因此,光电子的动能具有特征值。因此,通过采用半球形能量分析器检测光电子即可进行元素分析,见图 19-2 所示。

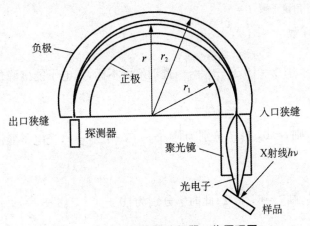

图 19-2　半球形能量分析器工作原理图

图 19-2 为半球形能量分析器的工作原理图。由两同心半球面构成,球面的半径分别为 r_1 和 r_2,内球面接正极,外球面接负极,两球间的电位差为 U。入射特征 X 射线作用样品后,所产生的光电子经过电磁透镜聚光后进入球形空间。设光电子的速度为 v,质量为 m,电荷为 e,运动半径为 r,r 处的电场强度为 E_r,则光电子受的电场力为 eE_r,动能为 $E_k = \frac{1}{2}mv^2$,这样光电子在电场力的作用下作圆周运动,即

$$eE_r = m\frac{v^2}{r} \tag{19-4}$$

$$\frac{1}{2}erE_r = \frac{1}{2}mv^2 = E_k \tag{19-5}$$

两球面之间 r 处的电场强度：

$$E_r = \frac{U}{r^2\left(\dfrac{1}{r_1} - \dfrac{1}{r_2}\right)} \propto U \tag{19-6}$$

因此可得光电子动能与两球面之间所加电压之间的关系为：

$$E_k = \frac{1}{2}erE_r = \frac{1}{2}er \cdot \frac{U}{r^2\left(\dfrac{1}{r_1} - \dfrac{1}{r_2}\right)} = \frac{eU}{2r\left(\dfrac{1}{r_1} - \dfrac{1}{r_2}\right)} \propto U \tag{19-7}$$

通过调节电压 U 的大小，就在出口狭缝处依次接收到不同动能的光电子，获得光电子的能量分布，即 XPS 图谱。

光电子能谱由三个量子数来表征，即

$$\begin{array}{ccc} n & l & j \end{array}$$

内角量子数，$j = |\,l \pm m_s\,| = \left|\,l \pm \dfrac{1}{2}\,\right|$ （m_s：自旋磁量子数 $= \pm\dfrac{1}{2}$）

角量子数，$l = 0,\ 1,\ 2,\ 3,\ \cdots,\ (n-1)$

主量子数，$n = 1,\ 2,\ 3,\ \cdots$

K 层：$n=1$，$l=0$；$j = \left|\,0 \pm \dfrac{1}{2}\,\right| = \dfrac{1}{2}$，此时 j 可不标，光电子能谱峰仅一个，表示为 1s。

L 层：$n=2$ 时，则 $l=0,\ 1$；j 分别为 $\left|\,0 \pm \dfrac{1}{2}\,\right|$，$\left|\,1 \pm \dfrac{1}{2}\,\right|$，光电子能谱峰有三个，分别为 2s、$2p_{1/2}$ 和 $2p_{3/2}$。

M 层：$n=3$ 时，则 $l=0,\ 1,\ 2$；此时 j 分别为 $\left|\,0 \pm \dfrac{1}{2}\,\right|$，$\left|\,1 \pm \dfrac{1}{2}\,\right|$，$\left|\,2 \pm \dfrac{1}{2}\,\right|$；光电子能谱峰有五个，分别为 3s、$3p_{1/2}$、$3p_{3/2}$、$3d_{3/2}$、$3d_{5/2}$。

N 层、O 层等类推。

实际上 XPS 图谱中的横轴坐标用的不是光电子的动能，而是其结合能。这是由于光电子的动能不仅与光电子的结合能有关，还与入射 X 光子的能量有关，而光电子的结合能对某一确定的元素而言则是常数，故以光电子的结合能为横坐标更为合适。XPS 图谱主要用于表面组成元素进行定性分析、定量分析和化学态分析。

1）定性分析

待定样品的光电子能谱即实测光电子能谱本质上是其组成元素的标准光电子能谱的组合，因此，可以由实测光电子能谱结合各组成元素的标准光电子能谱，找出各谱线的归属，确定组成元素，从而对样品进行定性分析。

定性分析的一般步骤：

（1）扣除荷电影响，一般采用 C_{1s} 污染法进行。

（2）对样品进行全能量范围扫描，获得该样品的实测光电子能谱。

（3）标识那些总是出现的谱线：C_{1s}、C_{KLL}、O_{1s}、O_{KLL}、O_{2s} 以及 X 射线的各种伴峰等。

（4）由最强峰对应的结合能确定所属元素，同时标出该元素的其他各峰。

（5）同理确定剩余的未标定峰，直至全部完成，个别峰还要对此窄扫描进行深入分析。

（6）当俄歇线与光电子主峰干扰时，可采用换靶的方式，移开俄歇峰，消除干扰。

光电子能谱的定性分析过程类似于俄歇电子能谱分析，可以分析 H、He 以外的所有元素。分析过程同样可由计算机完成，但对某些重叠峰和微量元素的弱峰，仍需通过人工进行分析。

2）定量分析

定量分析是根据光电子信号的强度与样品表面单位体积内的所含原子数成正比的关系，由光电子的信号强度确定元素浓度的方法，常见的定量分析方法有理论模型法、灵敏度因子法、标样法等，使用较广的是灵敏度因子法。其原理和分析过程与俄歇电子能谱分析中的灵敏度因子法相似，即

$$C_X = \frac{\dfrac{I_X}{S_X}}{\sum_i \dfrac{I_i}{S_i}} \tag{19-8}$$

式中：C_X—— 待测元素的原子分数（浓度）；

$\quad I_X$—— 样品中待测元素最强峰的强度；

$\quad S_X$—— 样品中待测元素的灵敏度因子；

$\quad I_i$—— 样品中第 i 元素最强峰的强度；

$\quad S_i$—— 样品中第 i 元素的灵敏度因子。

光电子能谱中是以 F1s（氟）为基准元素的，其他元素的 S_i 为其最强线或次强线的强度与基准元素的比值，每种元素的灵敏度因子均可通过手册查得。

请注意以下几点：①由于定量分析法中，影响测量过程和测量结果的因素较多，如仪器类型、表面状态等均会影响测量结果，故定量分析只能是半定量。②光电子能谱中的相对灵敏度因子有两种，一是以峰高表征谱线强度，另一种是以面积表征谱线强度，显然面积法精确度要高于峰高法，但表征难度增大。而在俄歇电子能谱中仅用峰高表征其强度。③相对灵敏度因子的基准元素是 F1s，而俄歇能谱中是 Ag 元素。

3）化学态分析

元素形成不同化合物时，其化学环境不同，导致元素内层电子的结合能发生变化，在图谱中出现光电子的主峰位移和峰形变化，据此可以分析元素形成了何种化合物，即可对元素的化学态进行分析。

元素的化学环境包括两方面含义：①与其结合的元素种类和数量；②原子的化合价。

一旦元素的化学态发生变化，必然引起其结合能改变，从而导致峰位位移。

元素的化学态分析是 XPS 的最具特色的分析技术，虽然它还未达到精确分析的程度，但已可以通过与已有的标准图谱和标样的对比来进行定性分析了。

总之，XPS 被广泛应用于分析无机化合物、合金、半导体、聚合物、元素、催化剂、玻璃、陶瓷、染料、纸、墨水、木材、化妆品、牙齿、骨骼、移植物、生物材料、油脂、胶水等。

五、实验方法和步骤

1. 装样。

2. 选定区域：点 Sample，出现样品照片，在样品上右击鼠标，点 Drive click，等待光标移到样品上。样品像的右边为二次扫描像，在扫描像上方点 Z＋进行聚焦，等待扫描像出现后，左击鼠标，光圈将在照片上移动，与左边样品对应着看，即可找到样品，用鼠标在照片上拉出需要测试的区域。

3. 测试：点 XPS，在右下对话框中点放大，点周期表，选好参数，点 start，采谱。

4. 标峰：扫完全谱，点屏幕最下方 Mat pak spec，点 Acq，出现谱图，在谱图上方对话框中点 H、He，出现元素周期表，在周期表中点元素，可在谱图上标出该元素。

5. 存谱：点图上方 File，将 Export to 拖至 ASCⅡ，输入文件名，存 Excel 格式数据，若拖至 Tiff，存图片。

6. 卸样：每次测试完毕，为了防止样品分解会污染腔体，用鼠标将样品从 Stage 拖至 Intro 中，才可以离开。取样品架前，用鼠标把样品从 Intro 拖至 Prep 中，至界面出现 OK，取出样品架，关闭气瓶。右击 Prep，点 Unload prep，卸下试样。

六、实验报告要求

1. 标出各个峰所对应的元素。
2. 分析峰位偏移的原因。

七、实验注意事项

1. 学生应在实验员的指导下操作，不得擅自进行。仪器内部有强电压，严禁非工作人员私自拆卸仪器。

2. 操作人员不要用湿手接触任何开关以免触电。产品贴有闪电标识和带有"High Voltage"的部位，表示这些部位有高电压用电器或电气元件，操作者在接近这些部位时应格外小心，以免触电。

八、实验思考题

1. 什么是 XPS 谱？其原理是什么？
2. XPS 谱的主要用途有哪些？

实验 20　俄歇电子能谱定性分析

一、实验目的

1. 了解俄歇电子能谱的原理及测试方法。
2. 学习俄歇电子能谱的定性分析原理。

二、实验内容

1. 测出样品的俄歇电子能谱图。
2. 熟悉俄歇电子能谱仪的操作步骤。

三、实验仪器设备与材料

俄歇电子能谱仪(X射线源),见图20-1和图20-2;试样。

图 20-1　俄歇电子能谱仪　　　　　　图 20-2　电控柜

四、实验原理

1. 俄歇电子

俄歇电子的产生过程类似X射线,当入射电子能量足够高时,可以将物质原子的内层电子击出成为自由电子,并在内层产生空位,之后外层的高能电子回迁填补空位,辐射出的能量转移给了同一层上的另一高能电子,使该电子获得能量后发生电离,逸出样品表面形成二次电子,这种形式的二次电子称为俄歇电子。

俄歇电子的能量决定于原子壳层的能级,因而具有特征值,且能量较低,一般仅有 $50 \sim 1\,500$ eV,平均自由程也很小,只有表层的 $2 \sim 3$ 个原子层。较深区域产生的俄歇电子在向表层运动时会产生非弹性散射消耗能量,逸出表面后不再具有特征能量,所以只有浅表层 1 nm左右范围内产生的俄歇电子逸出表面后方具有特征能量,因为俄歇电子特别适合于材料表层的成分分析。此外根据俄歇电子能量峰的位移和峰型的变化,还可获得样品表面化学态的信息。

2. 俄歇电子谱

由俄歇电子形成的电子电流表示单位时间内产生或收集到俄歇电子的数量。俄歇电子具有特性能量值,但由于俄歇电子在向样品表面逸出时不可避免地受到碰撞而消耗了部分能量,这样具有特征能量的俄歇电子的数量就会出现峰值,有能量损失的俄歇电子和其他电子将形成连续的能量分布。在分析区域内,某元素的含量越多,其对应的俄歇电子数量(电子电流)就越大。不同的元素,具有不同的俄歇电子特征能量和不同的电子能量分布。俄歇电子与二次电子、弹性背散射电子等的存在范围并不重叠。

俄歇电子能谱分为直接谱和微分谱。由于俄歇电子仅来自于样品的浅表层,数量少、信号弱,电子电流仅为总电流的 0.1% 左右,所表现的俄歇电子谱峰小,难以分辨(直接谱)。但经过微分处理后使原来微小的俄歇电子峰转化为一对正负双峰,用正负峰的高度差来表示俄歇电子的信号强度(计数值),这样俄歇电子的特征能量和强度清晰可辨(微分谱)。直接谱和微分谱统称为俄歇电子谱,俄歇电子峰所对应的的能量为俄歇电子的特征能量,与样品中的元素相对应,谱峰高度反映了分析区内该元素的浓度,因此,可利用俄歇电子谱对样品表面的成分进行定性分析和定量分析。不过由俄歇电子产生的原理可知,能产生俄歇电子的最小原子序数为 3(Li),而低于 3 的 H 和 He 均无法产生俄歇电子,因此俄歇电子谱只能分析原子序数 $Z > 2$ 以上的元素。由于大多数原子具有多个壳层和亚壳层,因此电子跃迁的形式有多重可能性。从俄歇电子能量图中能看出:当原子序数为 $3 \sim 14$ 时,俄歇峰主要由 KLL 跃迁形成(KLL 跃迁意味,K 层电子空位,L 层电子向空位跃迁,释放能量被 L 层电子吸收跃迁产生俄歇电子);当原子序数为 $15 \sim 41$ 时,主要俄歇峰由 LMM 跃迁产生;而当原子序数大于 41 时,主要俄歇峰则由 MNN 及 NOO 跃迁产生。

3. 定性分析

每种元素均有与之对应的俄歇电字谱,所以,样品表面的俄歇电子谱实际上是样品表面所含各元素的俄歇电字谱的组合。因此,俄歇电字谱的定性分析即为根据谱峰所对应的特征能量由手册查找对应的元素。首先,选取实测谱中的一个或数个最强峰,分别确定其对应的特征能量,根据俄歇电子能量图或已有的条件,初步判定最强峰可能对应的某一种或几种元素;然后,由手册查出这些可能元素的标准谱与实测谱进行核对分析,确定最强峰所对应的元素,并标出同属于此元素的其他所有峰。重复以上的步骤,标定剩余各峰。

需要注意的是:①由于可能存在化学位移,故允许实测峰与标准峰有数电子伏特的位移误差。②核对的关键在于峰位,而不是峰高。元素含量少,峰高较低甚至不显现。③某一元素的俄歇峰可能有几个,不同元素的俄歇峰可能会重叠,甚至变形,特别是当样品中含有微量元素时,由于强度不高,其俄歇峰可能会湮没在其他元素的俄歇强峰中,而俄歇强峰并没有明显的变异。④当图谱中有无法对应的俄歇电子峰时,应考虑到这可能不是该元素的俄歇电子峰,而是一次电子的能量损失峰。

随着计算机技术的发展和应用,俄歇电子谱的定性分析可由电子计算机的软件自动完成,但对某些重叠峰和弱峰还需人工分析来进一步确定。

五、实验方法和步骤

1. 装样

首先在电控柜上操作,依次按 012-Vent enable on Load Lock 钮,然后关闭干泵阀门,打开氮气阀门(绿管,气流稍大点),关闭涡轮泵 Φ(涡轮泵频率低于 750 Hz 时 Vent 开始),打开 Load lock 腔室,放置样品,关闭腔门。再在电控柜上控制 Vent enable off Load Lock。完成装样后关闭氮气阀,打开干泵阀门,在真空度达 5 Pa(5×10^{-2} mbar)后打开涡轮泵 Φ 抽至 10^{-5} Pa(10^{-7} mbar),最后打开连接阀门传送样品,打开阀门的同时关注真空度的变化。

2. 样品表面清理或去除表层原子层(氩刻)

先打开分叉阀,通氩气(小瓶),通过控制通气阀门,调节气压至 2×10^{-5} Pa(2×10^{-7} mbar)。气压稳定后,在电脑上选择电压(不得高于 5 000 V)以及时间,氩刻开始后关灯调节样品的位置。氩刻结束后关通气阀、关分叉阀(真空变化不得过大,如连续溅射不必关闭)以及气瓶阀。

3. 测试过程

由于这台仪器没有装备电子发射源,入射光源用的仍是 X 射线。

(1) 准备工作。

在电脑桌面上找到 Specslab prodigy 软件,双击打开,界面如图 20-3 所示。

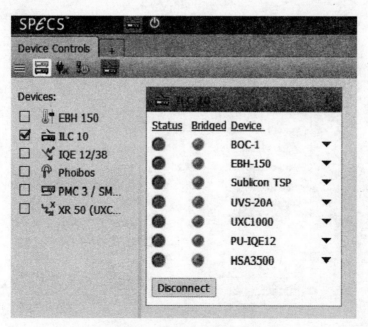

图 20-3　Specslab prodigy 界面

在电控柜上打开 X 射线源,然后在软件界面勾上 XR 50 框,确认 X 射线源已经与设备连接。在此界面点击 Start cooling,用以冷却 X 射线源,如图 20-4 所示。

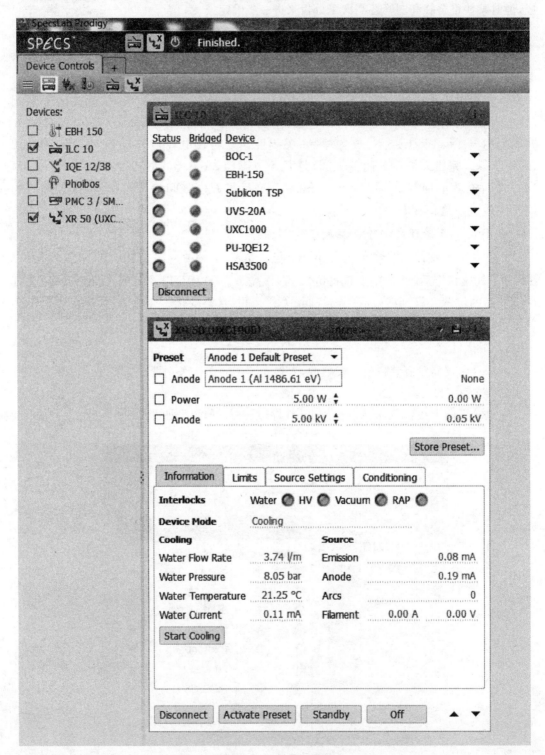

图 20-4　X 射线源界面

　　之后再在电控柜上打开探测器,在软件界面勾选 Phoibos,最后勾选 IQE 12/38,以确认探测器与溅射系统,如图 20-5 所示。

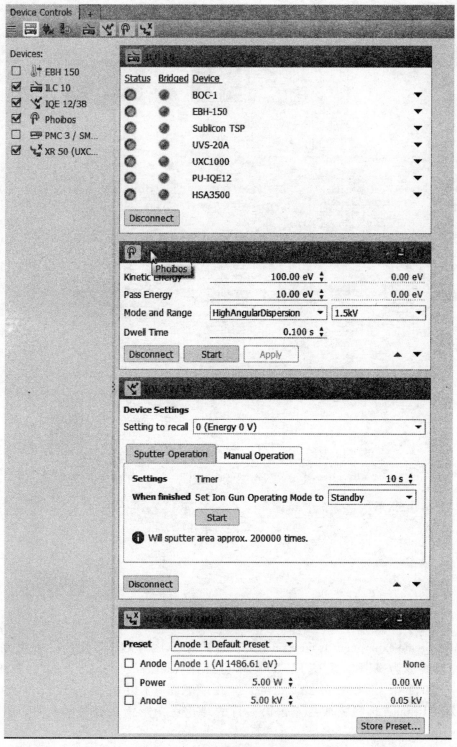

图 20-5　探测器与溅射系统界面

（2）实验阶段

完成准备阶段后，点击屏幕右上角的 Set up 按钮，打开 Second window，如图 20-6 所示。选择 Experiment editor 模块，如图 20-7 所示。

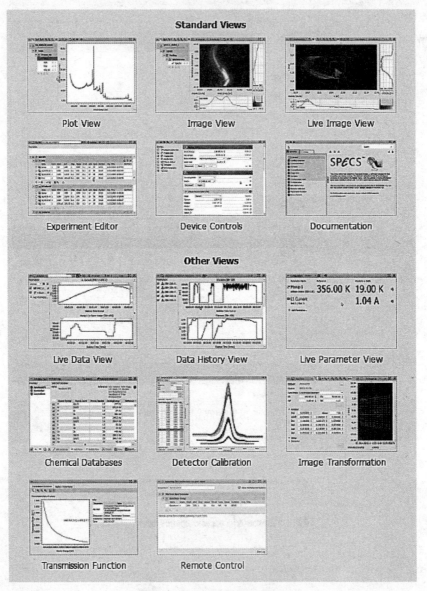

图 20-6　Second window 界面

并在 Create experiment from scratch 界面选择 XPS（因为无 AES 配置）。在此界面，先选择 X 射线源为 Al K_α 源 15 kV 300 W，再选择 Scan range 为 1.5 kV。在右侧选择 Entrance slit，Exit slit 以及 Iris diameter。并在最下面一栏中选择 Start E_{bin}，End E_{bin}，Step，Dwell time。选择完成后点击第一行的绿色三角形箭头开始实验。如图 20-8 所示。

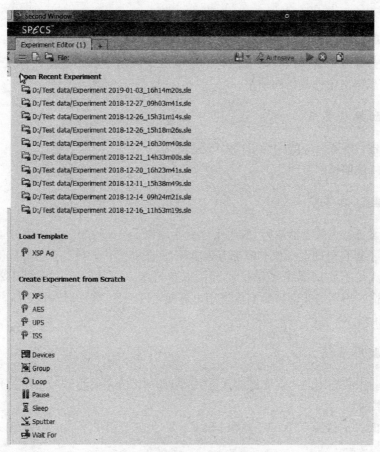

图 20-7　Experiment Editor 界面

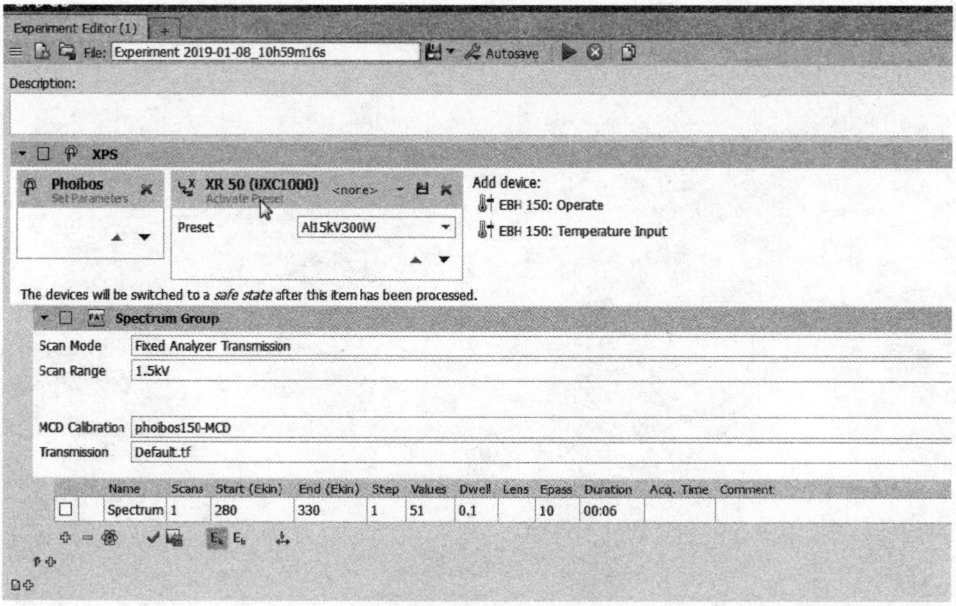

图 20-8　实验参数选择界面

4. 数据分析

实验完成后,保存数据为 UAMAS file 文件格式并导出。回到桌面,打开 CasaXPS 软件,用此软件打开数据文件。查阅文献找到俄歇电子能谱学参考手册的标准光谱,与其进行峰位对比,可得出定性分析的结果。

六、实验报告要求

1. 标出各个峰所对应的的元素以及峰强。
2. 分析峰位偏移的原因。

七、实验注意事项

1. 对于设备发生的电器故障,应由受过专业培训人员或设备公司的服务工程师进行维修,其他人员不得自行处理。仪器内部有强电压,严禁非工作人员私自拆卸仪器。

2. 操作人员不要用湿手接触任何开关以免触电。产品贴有闪电标识和带有"High Voltage"的部位,表示这些部位有高电压用电器或电气元件,操作者在接近这些部位时应格外小心,以免触电。

八、实验思考题

1. 此实验中我们用的入射光源为 X 射线源,如何区分最终得到的谱图是光电子谱图还是俄歇电子谱图?

2. 这里的 X 射线源有 Al K_α 源和 Mg K_α 源,为何要提供不同的射线源以供选择?

实验 21 俄歇电子能谱定量分析

一、实验目的

1. 了解俄歇电子能谱的原理及测试方法。
2. 学习俄歇电子能谱的定量分析以及化学价态分析原理。

二、实验内容

1. 测出样品的俄歇电子能谱图。
2. 熟悉俄歇电子能谱仪的操作步骤,并比较 AES 和 XPS 两种测试方法。

三、实验仪器设备与材料

俄歇电子能谱仪(X 射线源)(图 20-1);试样。

四、实验原理

由于影响俄歇电子信号强度的因素很多,分析较为复杂,故采用俄歇电子谱进行定量分析的精度还较低,基本上只是半定量水平。常规情况下,相对精度只有 30% 左右。当然如果能正确估计俄歇电子的有效深度,并能充分考虑表面以下的基底材料背散射电子对俄歇电子产额的影响,就可显著提高定量分析的相对精度,达到与电子探针相当的水平。定量分析常有两种方法:标准样品法和相对灵敏度因子法。

(1) 标准样品法

标准样品法又可分为纯元素样品法和多元素样品法。纯元素样品法即在相同的条件下分别测定被测样和标准样中同一元素 A 的俄歇电子的主峰强度 I_A 和 I_{AS},则元素 A 的原子分数 C_A 为

$$C_A = \frac{I_A}{I_{AS}} \tag{21-1}$$

而多元素标准样品法是首先制成标准试样,标准样应与被测样品所含元素的种类和含量尽量相近,此时,元素 A 的原子浓度为

$$C_A = C_{AS} \frac{I_A}{I_{AS}} \tag{21-2}$$

其中 C_{AS} 为标准样中 A 元素的原子浓度,但由于多元素标准样制备困难,一般采用纯元素标准样进行定量分析。

（2）相对灵敏度因子法

相对灵敏度因子法不需要标准样,应用方便,但精度相对低一些。它是指将各种不同元素(Ag 除外)所产生的俄歇电子信号均换算成同一种元素纯 Ag 的当量(又称相当强度),利用该当量来进行定量计算的。具体方法如下:相同条件下分别测出各种纯元素 X 和纯 Ag 的俄歇电子主峰的信号强度 I_X 和 I_{Ag},其比值即为该元素的相对灵敏度因子 S_X,并已制成相关手册。当样品中含有多种元素时,设第 i 个元素的主峰强度为 I_i,其对应的灵敏度因子为 S_i,所求元素为 X,其灵敏度因子为 S_X,则所求元素的原子分数为

$$C_X = \frac{\dfrac{I_X}{S_X}}{\sum\limits_i \dfrac{I_i}{S_i}} \tag{21-3}$$

式中 S_i 和 S_X 均可由相关守则查到。

由式(21-3)可知,通过实测谱得到各组成元素的俄歇电子主峰强度 I_i,通过定性分析获得样品中所含的各种元素。再分别查出各自对应的相对灵敏度因子 S_i,即可方便求得各元素的原子分数。计算精度相对较低,但无需标样,故成了俄歇能谱定量分析中最常用的方法。

五、实验方法和步骤

参考实验 20"俄歇电子能谱定性分析"中"五、实验方法和步骤"中的 1～3 步。

数据分析:实验完成后,保存数据为 UAMAS file 文件格式并导出。回到桌面,打开 CasaXPS 软件,用此软件打开数据文件。因为电脑未配备俄歇电子相关的分析软件,所以需要参考谱图所得峰强,依据相对灵敏度因子法自行计算。

1. 标准样品法分析

由于多元素标准样制备困难,这里只采用纯元素样品法。标准样品法又可分为纯元素样品法和多元素样品法。纯元素样品法即在相同的条件下分别测定被测样和标准样中同一元素 A 的俄歇电子的主峰强度 I_A 和 I_{AS},则元素 A 的原子分数 C_A 由式(21-1)计算。

2. 相对灵敏度因子法

根据相对灵敏度因子表,查到样品中所含元素对应的相对灵敏度因子 S,再在相同条件下分别测出各种纯元素 X 和纯 Ag 的俄歇电子主峰的信号强度 I_X 和 I_{Ag}。然后根据公式(21-3)即可计算元素 X 对应的原子分数。

六、实验报告要求

定量分析时需标出样品中每个元素对应的峰强,并算出每个元素对应的原子分数。

七、实验注意事项

1. 对于设备发生的电器故障,应由受过专业培训人员或设备公司的服务工程师进行维修,其他人员不得自行处理。仪器内部有强电压,严禁非工作人员私自拆卸仪器。

2. 操作人员不要用湿手接触任何开关以免触电。产品贴有闪电标识和带有"High Voltage"的部位,表示这些部位有高电压用电器或电气元件,操作者在接近这些部位时应格外小心,以免触电。

八、实验思考题

采用俄歇电子谱进行半定量分析的相对精度只有 30% 左右,是哪些因素影响了此精度?

实验 22 扫描隧道显微镜的表面形貌分析

一、实验目的

1. 掌握扫描隧道显微镜(Scanning tunneling microscopy，STM)图像与样品表面形貌的关系。

2. 掌握运用扫描隧道显微镜观测样品表面形貌的方法。

二、实验内容

1. 利用 STM 表征样品的表面形貌。

2. 测试不同的参数(比如不同偏压，隧道电流等)对于 STM 成像的影响。

三、实验仪器设备与材料

扫描隧道显微镜(图 22-1)；Au(111)单晶或者高定向热解石墨(HOPG)。

图 22-1 Joule-Thomson 超高真空扫描隧道显微镜系统

四、实验原理

1. 扫描隧道显微镜的工作原理

扫描隧道显微镜于 1981 年由 IBM 公司的 Gerd Binnig 和 Heinrich Rohrer 共同研制而成。STM 具有原子级的分辨率，它的发明使得科学家能够从原子尺度来观测和分析具有原

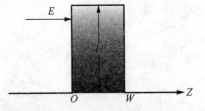

子尺度平整度导电材料的表面结构。STM 的基本工作原理是量子力学中的隧道效应，首先我们通过一个简单的一维方形势垒(图 22-2 所示)简单介绍一下隧道效应。

在经典力学中，一个在势能为 $U(z)$ 的势场中运动的能量为 E 的电子的运动可以用以下的式子来描述：

$$\frac{p_z^2}{2m} \pm U(z) = E$$

图 22-2　一维方形势垒的图示

(E 为电子的能量，U 为势能，W 为势垒的宽度)

其中：m 为电子的质量 9.1×10^{-28} g。当 $E > U(z)$ 时，电子有非零动量 p_z，但是该电子不能穿过 $E < U(z)$ 的能量区域，即不能穿过势垒。

在量子力学中，电子态可以用波函数 $\psi(z)$ 来描述，该波函数满足薛定谔方程：

$$-\frac{h^2}{2m}\frac{d^2}{dz^2}\psi(z) + U(z)\psi(z) = E\psi(z) \tag{22-1}$$

当 $E > U$ 时，上式的解为

$$\psi(z) = \psi(0)e^{\pm ikz} \tag{22-2}$$

其中：$k = \dfrac{\sqrt{2m(E-U)}}{h}$ 为波矢。电子以动量

$$p_z = hk = [2m(E-U)]^{\frac{1}{2}} \tag{22-3}$$

运动，与经典力学中得到的结果一致。当 $E < U$ 时，我们得到另外一个解

$$\psi(z) = \psi(0)e^{-\kappa z} \tag{22-4}$$

其中：$\kappa = \dfrac{\sqrt{2m(U-E)}}{h}$ 为衰减常数。该常数表明一个电子的电子态沿着 z 方向呈指数衰减。因此，在点 z 处观测到一个电子的概率正比于 $|\psi(0)|^2 e^{-2\kappa z}$，在势垒处为一非零值，即电子有穿过势垒的可能性。

如果我们将上面的方形势垒换成一维金属(STM 针尖)—真空—金属(样品)隧道结模型，我们就可以得到扫描隧道显微镜的隧穿原理的定性描述，如图 22-3 所示。其中 $E \approx -\Phi$。为了简化讨论，这里我们假设针尖与样品的功函数相等。针尖中的电子可以通过真空势垒隧穿进入样品，同样，样品中的电子也可以隧穿进入针尖。然而，如果不在针尖或者样品上施加偏压，针尖流入样品和样品流入针尖的电子数相等，因此针尖和样品之间没有净的隧穿电流。如果在针尖或者样品上施加偏压 U，那么将有净的隧道电流产生，处于 $E_F - eU$ 和 E_F 之间的能量为 E_n 的电子态 ψ_n 可能发生隧道效应流至针尖。假设偏压远小于样品或针尖的功函数，即 $eU \ll \Phi$，那么所有样品电子态的能级非常接近费米能级，即 $E_n \approx -\Phi$。处于第 n 个样品态的电子出现在针尖表面 $z = W$ 的概率 w 为：

$$w \propto |\psi_n(0)|^2 e^{-2\kappa W} \tag{22-5}$$

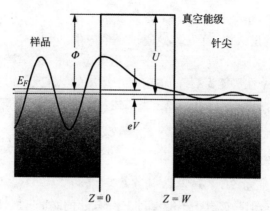

图 22-3　一维金属(STM 针尖)—真空—金属(样品)隧道结模型

其中:$\psi_n(0)$ 是第 n 个电子态在样品表面的值,$\kappa=\dfrac{\sqrt{2m\Phi}}{h}$,为费米能级附近表面态的衰减常数。用 eU 作为功函数的单位,Å^{-1} 作为衰减常数的单位,那么上述式子的值为

$$\kappa=0.51\sqrt{\Phi(eU)}\ \text{Å}^{-1} \tag{22-6}$$

STM 扫描过程中,针尖的状态通常不发生改变,进入针尖表面的电子以恒流流入针尖。隧道电流正比于样品表面态的数目,这个数目依赖于样品表面的局域性质。通过将所有的能量区间 eU 内的表面态进行叠加,我们可以得出隧道电流为

$$I\propto\sum_{E_F-eU}^{E_F}|\psi(0)|^2e^{-2\kappa W} \tag{22-7}$$

如果 U 非常小,上述式子的总和可以写成费米面上的局域电子态的形式。在位置为 z 和能量为 E 的位置,LDOS 值 $\rho_s(z,E)$ 可定义为 $\rho_s(z,E)\equiv\dfrac{1}{\varepsilon}\sum_{E_n=E-\varepsilon}^{E}|\psi_n(z)|^2$。那么电流可以写为:

$$I\propto V\rho_s(0,E_F) \tag{22-8}$$

典型的功函数的值为 4eU,$\kappa=1$,那么根据上述式子,$I\propto V\rho_s(0,E_F)e^{-2W}$。根据该式子,我们发现,隧道电流对于针尖与样品表面的距离非常敏感。在样品偏压不变的情况下,如果针尖的高度降低 1 Å,那么电流变为原来的 e^2(约 7.4)倍;如果针尖的高度升高 1 Å,那么电流将变为原来的 e^{-2}(约 0.13)倍。因此,当针尖在样品表面扫描时,即使表面的起伏小至 Å 的量级,我们也可以通过隧道电流信号将其表面的形貌呈现出来。

2. 扫描隧道显微镜的工作模式

一般而言,扫描隧道显微镜由显微镜、控制电路以及计算机三部分组成,如图 22-4 所示。当针尖与导电的样品表面距离足够近时(通常小于 1 nm),电子就会发生量子隧穿从而从针尖流向样品或者从样品流向针尖,但针尖与样品之间没有净隧道电流产生。当在针尖与样品之间施加一定偏压之后,在针尖和样品之间将会产生净隧道电流,电流的大小取决

于偏压的大小以及针尖到样品的距离。扫描隧道显微镜一般有两种工作模式:恒流模式和恒高模式,如图 22-5 所示。

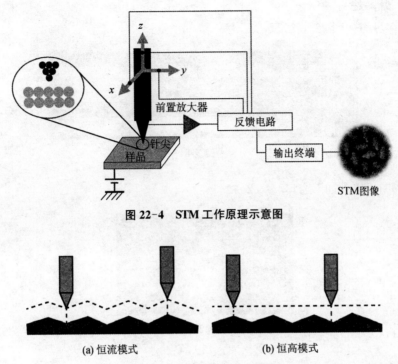

图 22-4　STM 工作原理示意图

(a) 恒流模式　　　　　　　　　　(b) 恒高模式

图 22-5　STM 的两种工作模式

恒流模式是指在扫描过程中,保持隧道电流为一恒定值的工作模式。首先将隧道电流设为一恒定数值,同时在 z 方向加上反馈电路。当样品表面凹下时,探测到隧道电流的数值小于设定值,反馈电路收到信号之后降低针尖高度,从而使隧道电流保持恒定。反之,当样品表面凸出时,反馈电路收到信号之后升高针尖高度,从而使隧道电流保持恒定,如图 22-5(a)。这样,通过针尖的运动轨迹将表面的形貌起伏记录下来,并通过输出终端转化成直观的图像。

恒高模式是指在扫描过程中,针尖高度保持恒定不变的工作模式。在扫描过程中,将反馈电路断开,保持针尖的绝对高度不变,如图 22-5(b)所示。那么不同的样品表面高度将导致探测到的隧道电流不同,我们就可以通过记录隧道电流的变化获得样品表面的形貌起伏,并通过输出终端转换成直观的图像。

3. Joule-Thomson 扫描隧道显微镜

本实验中所使用的扫描隧道显微镜为德国 SPECS 公司的 Joule-Thomson 超高真空低温扫描隧道显微镜,该系统如图 22-1 所示,主要包括三个腔室:快速进样腔、制备腔和分析腔。进样腔用于将样品传入或者传出真空腔;制备腔主要用于各种样品表面的制备,制备腔中有分子蒸发源和金属蒸发源等;分析腔用于 STM 成像以及金属单晶表面处理。该系统中包含八个真空泵来维持系统的真空度:进样腔中含一个机械泵和一个分子泵,制备腔中机械泵、分子泵、离子泵和钛升华泵各一个,分析腔中包含一个离子泵和一个钛升华泵。

五、实验方法和步骤

1. 设立新文件夹

打开储存界面如图 22-6 所示：

图 22-6

点击 图标出现如下窗口（图 22-7）：

图 22-7

点击 No 以新建文件夹。

2. 记录样品信息

在 Scan Control 界面点击 Save ，进入参数储存界面，记录样品名称和处理过程（图 22-8）：

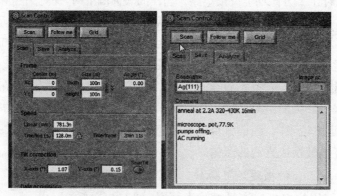

图 22-8

在"Basename"中输入样品名称（红色方框内），在"Comment"中输入样品处理工序，扫描温度等信息（黄色方框内）。完成样品初始信息的记录。

3. 自动进针

在 Bias 界面，调整"Bias(V)"至 2.0 V（图 22-9）：

在 Motol control 窗口，调整"Steps Z"为 1（图 22-10）。

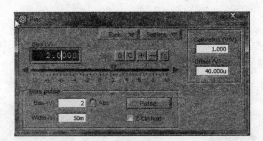

图 22-9

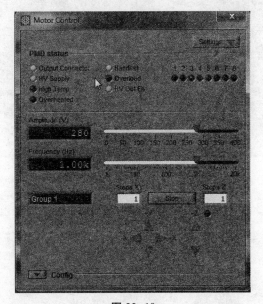

图 22-10

在 Z-Controller 界面,调整"Set point(A)"为 500p,调整"Propotional(m)"为 6p,调整"Time constant(s)"为 10u,点击 Auto approach 窗口中的 Start approach 按钮开始自动进针(图 22-11)。

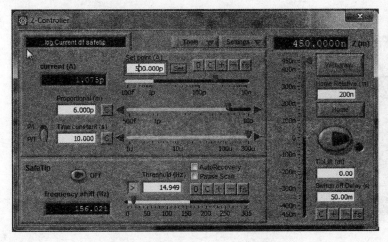

图 22-11

4. 细进针

自动进针结束后,调整"Set point(A)"至 100p,调整"Propotional(m)"至 3p,调整 "Time constant(s)"至 60u,点击 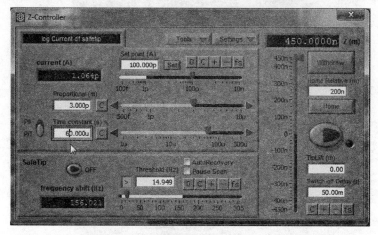 按钮开始细进针,细进针结束之后,针尖与样品之间即 存在隧道电流,其隧道电流值近似等于 Set point 中的设定值(图 22-12)。

图 22-12

5. 扫描图像(图 22-13)

图 22-13

进针结束后,在 Scan 界面出现图示方框,代表针尖可达到的最大区域(绿色方框)。点 击 出现正在扫描区域(黄色方框),红色圆点位置代表针尖位置(图 22-14)。

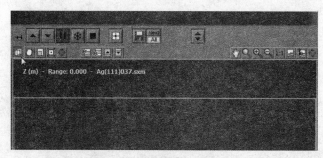

图 22-14

点击 ▲ 或 ▼ 开始扫图,过程中可以点击 ■ 按键暂停或开始扫图(未扫图期间确保该按钮处于选中状态)。

6. 扫图结束

扫图完成后,观察图像,分析表面结构。

六、实验报告要求

1. 任选一个具有原子级别平整度的表面,利用扫描隧道显微镜观测其表面信息,包括表面台阶及表面原子相分布,以及是否存在表面重构等。

2. 分析得到图像的亮暗与样品的哪些因素有关。

七、实验注意事项

1. STM 只能用于观测导电性良好的样品,严禁将绝缘体放入 STM 进行测试扫描。

2. 实验需要在仪器良好接地的环境下进行。

3. 实验过程中严禁接触、摇晃仪器,防止针尖损坏。

4. 仪器在工作时需打开水冷机,否则将导致分子泵过热损坏。

5. 仪器使用高压电,注意人员安全。

八、实验思考题

1. STM 进行表面分析的原理是什么?

2. 恒流模式和恒高模式分别适用于什么样的样品表面?

3. 实验在超高真空下进行的优势是什么?

实验 23　Au(111)表面的扫描隧道显微镜成像

一、实验目的

1. 掌握扫描隧道显微镜成像的方法。
2. 掌握 Au(111)清洁表面的制备方法。
3. 掌握 Au(111)表面鱼骨形重构。

二、实验内容

在超高真空环境中制备清洁的 Au(111)表面,并利用扫描隧道显微镜对 Au(111)进行实空间成像。

三、实验仪器设备与材料

扫描隧道显微镜(图 22-1);抛光后的 Au(111)单晶。

四、实验原理

1. 表面重构现象

当晶体内部被揭开形成表面时,由于表面原子内外环境不同,从而存在大量悬键,表面原子极其不稳定,从而采取不同方式进行弛豫和重构使得表面结构趋于稳定。

表面重构是由于表面原子周围环境,如配位数与体相中不同,因而可能导致表面原子与内部晶体的排列不同,从而产生表面原子的重新构造,即表面原子水平方向的周期性不同于内部原子。Au(111)表面在退火后,会形成重构。发生该重构时,以六方形式紧密堆积的 Au(111)表面沿[110]方向收缩了4.3%,如图 23-1 所示,即原来的 22 个原子所在的空间被 23 个原子所占据。重构的表面在一个周期内形成了面心立方区-桥位区-六方密集堆积区-桥位区-面心立方区等不同区域,各个区域表面高度不同。与面心立方区域相比,桥位区高 0.2Å。为了减少表面张力,每隔约 25 nm,平行的双桥区域发生±120°弯曲,结果在表面形成了鱼骨形的重构图案。

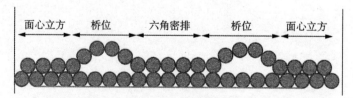

图 23-1　Au(111)的表面重构模型

2. 扫描隧道显微镜的工作模式

一般来说,扫描隧道显微镜是由显微镜、控制电路以及计算机三部分组成。当针尖与导电的样品表面距离足够近时(通常小于 1 nm),电子就会发生量子隧穿从而从针尖流向样品或者从样品流向针尖,但针尖与样品之间没有净隧道电流产生。当在针尖与样品之间施加一定偏压之后,在针尖和样品之间将会产生净隧道电流,电流的大小取决于偏压的大小以及针尖到样品的距离。扫描隧道显微镜一般有两种工作模式:恒流模式和恒高模式,工作原理见实验 22 中所述。

本实验中,由于金的表面存在台阶,采用恒流模式进行扫描。扫描过程中会记录反馈电路的信息,从而记录下针尖的运动轨迹以反映表面的高度起伏。高度的变化反映为扫描出的图像亮暗变化,针尖抬高,即表面较高处图像较亮,反之则更暗。

五、实验方法和步骤

1. 制备清洁的 Au(111)表面:将 Au(111)单晶样品经由进样腔放入制备腔,进行氩刻-退火操作:

(1) 打开与氩气相连的漏阀,直至气压达到 1.5×10^{-3} Pa(1.5×10^{-5} mbar)。

(2) 将氩离子枪能量调至 1.5 kV,以使氩气被电离成氩离子,并轰击金属表面 5~10 min。

(3) 氩刻结束后,开始对样品进行退火至 770 K,随后自然冷却至室温。

(4) 将(1)~(3)步骤重复 3 遍,即可得到清洁的的 Au(111)表面。

2. 扫描 Au(111)表面:

(1) 将单晶样品放入扫描腔内,根据实验 22 中的步骤进针并对 Au(111)进行扫描成像。

(2) 得到的 Au(111)重构图像应该如图 23-2 所示,我们可以观测到清晰的台阶以及表面鱼骨型重构。

图 23-2　Au(111)重构的 STM 图像

(3) 如果扫描得到的图像不清楚,首先我们可以通过调节扫描的偏压和隧道电流来观测图像的清晰度,从而选择合适的扫描偏压和电流值。

（4）如果通过调节偏压和电流仍然不能够得到清晰的 STM 图像，我们则需要对针尖进行处理。方法 1 为在 Follow me 界面（红色方框所示），在 point & shoot 中选择 Bias Pulse（黄色方框所示），对针尖在表面选定的位置施加脉冲，使粘在针尖上的杂质脱落，从而使针尖重新变得尖锐，如图 23-3 所示。

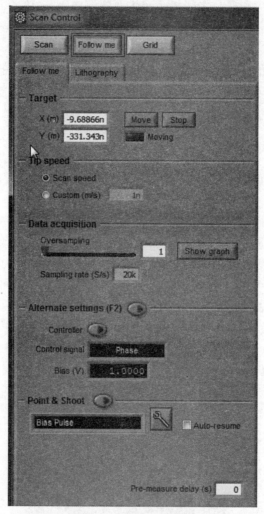

图 23-3　Bias Pulse 操作

（5）在对针尖进行步骤（4）若干次后再次扫描确认针尖状态足够尖锐，重新对 Au(111)表面进行成像，直至得到清晰的图像。

3. 对 Au(111)表面进行扫描，期间调整 Bias(V)和 Set point(A)，直到得到清楚的金表面重构图。

4. 打开 Analyze 工具，测量鱼骨形重构的长度，并测量桥位区的高度，如图 23-4 所示。

六、实验报告要求

通过扫描得到 Au(111)表面重构图像，测量鱼骨形重构的宽度、桥位区的高度以及台

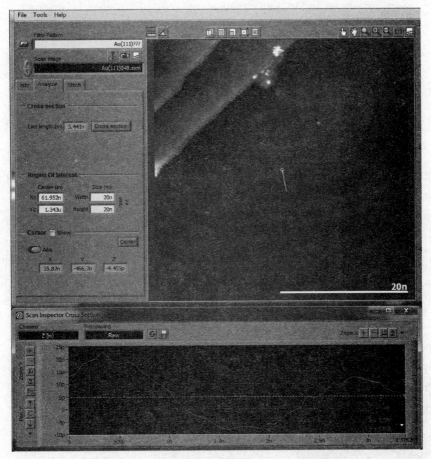

图 23-4 **Analyze 工具测量 Au(111)表面重构**

阶的高度。

七、实验注意事项

1. 实验需要在仪器良好接地的环境下进行。
2. 实验过程中严禁接触、摇晃仪器,防止针尖损坏。
3. 仪器在工作时需打开水冷机,否则将导致分子泵过热损坏。
4. 仪器使用高压电,注意人员安全。
5. 在氩刻的过程中,制备腔中离子泵必须关闭,且气压严禁超过 10^{-2} Pa(10^{-4} mbar)。
6. 单晶传递过程中,不得接触扫描单晶表面,防止污染。

八、实验思考题

1. 吸附物在 Au(111)表面上优先吸附于什么位置,为什么?
2. 如果表面起伏较大,扫描过程中该如何调整偏压和电流值?

实验 24　X 射线荧光光谱定性分析

一、实验目的

1. 学习了解 X 射线荧光光谱仪的结构和工作原理。
2. 掌握 X 射线荧光光谱定性分析的原理和实验方法。
3. 掌握 X 射线荧光光谱分析软件 PCEDX Pro 的基本操作。

二、实验内容

了解 X 射线荧光光谱仪的基本构成、元素分析的基本步骤和工作原理。

三、实验仪器设备与材料

X 射线荧光光谱仪(图 24-1);标准试样;待测试样块。

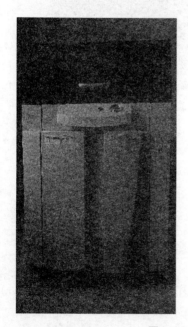

技术指标:
1. 测试浓度范围从 μg 级到 g 级,元素范围^{4}Be～^{92}U;
2. 可检测液体样品;
3. 固态高压发生器稳定性:外压波动＜1%,高压波动＜0.000 1%;
4. 光谱仪温度波动＜0.1 ℃;
5. 配晶体:配备多块晶体,可测试元素范围^{4}Be～^{92}U;
6. 测角仪精度＜0.000 1°;
7. 提供若干标样;
8. 配套:高频熔融炉、压片机、铂金坩埚;
9. 无标样分析软件。

图 24-1　ARL Perform X 射线荧光光谱仪

四、实验原理

1. X 射线荧光光谱分析原理

物质由原子构成,电子和 X 射线碰撞物质时,物质产生具有原子特有波长(能量)的 X 射线。电子和 X 射线碰撞时产生的 X 射线称为特征 X 射线,荧光 X 射线是一种次级特征

X射线(图 24-2)。

1) X 射线撞击原子。

▼

2) 靠近原子核内侧的电子被撞出,产生空穴。

▼

3) 外侧的电子落入此空穴。

4) 从能量高的轨道(外侧)落入能量低的轨道(内侧)的电子,将其能量差作为电磁波(＝荧光 X 射线)进行放射。

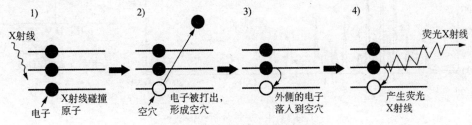

图 24-2　荧光 X 射线的产生机制

原子由位于中心的原子核和外层电子组成,电子位于从内向外依次被称为 K、L、M、N 的电子层上,每个电子层上有固定数量的电子。入射 X 射线碰撞打出电子不同,落入产生的空穴里的外侧电子也不同,由此产生的荧光 X 射线的种类也不同(图 24-3)。

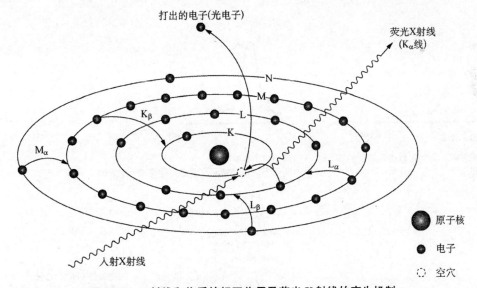

图 24-3　X 射线和物质的相互作用及荧光 X 射线的产生机制

X 射线荧光光谱定性分析是分析样品中所含元素的种类,由于各元素的荧光 X 射线具有固有的能量(波长),通过查其能量(波长),可以确定元素。

2. 分析误差

一个元素能得到 K_α,K_β,L_α,L_β 等多个荧光 X 射线。同时,通常样品都由多个元素构成。因此,得到的光谱中在多个位置上出现峰,同时也可能会出现光谱重叠、散射线、逃逸峰和合峰、衍射线。为了能正确的分析出样品的构成元素,需要理解发生这些问题的可能性。定义分析光谱例见图 24-4 所示。

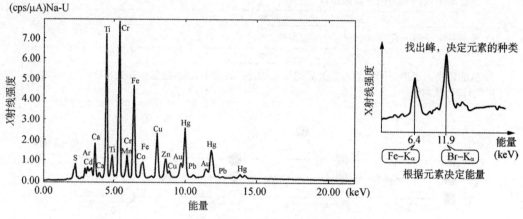

图 24-4 定性分析光谱例

1) 光谱重叠

若不同元素的荧光 X 射线能量太近,彼此的峰就会互相重叠,峰的形状就会发生变化(图 24-5)。但若是能看到各个峰的顶点就可以进行定性分析。

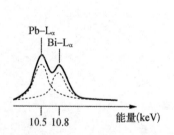

即使重叠着,因为可以确认彼此的峰,所以也可以进行定性分析

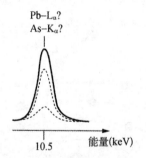

因为只出现1个峰,所以不清楚是单元素的峰还是多个元素的峰

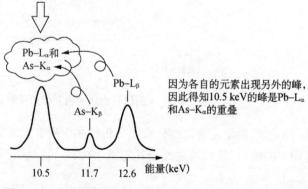

因为各自的元素出现另外的峰,因此得知10.5 keV的峰是Pb-L$_\alpha$和As-K$_\alpha$的重叠

图 24-5 光谱重叠

2) 散射线

散射线是指 X 射线碰撞样品后也不产生荧光 X 射线的那一部分射线,从而会产生与样品的荧光 X 射线不同性质的峰。散射线的光谱例见图 24-6 所示。

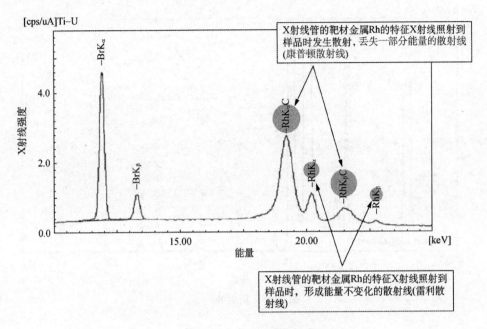

图 24-6　散射线的光谱例

3) 逃逸峰和合峰

在半导体检测器的检测过程中,当有高强度峰产生时,依据检测方法的不同,会伴随逃逸峰和合峰的产生(图 24-7)。

逃逸峰是在检测峰的能量减去 1.74 eV(Si-K$_\alpha$ 的荧光 X 射线)的位置出现的峰。

合峰出现在检测峰能量 2 倍或多倍的位置,如果检测出多个高强度峰时,合峰也会出现在各个峰能量相加的位置。

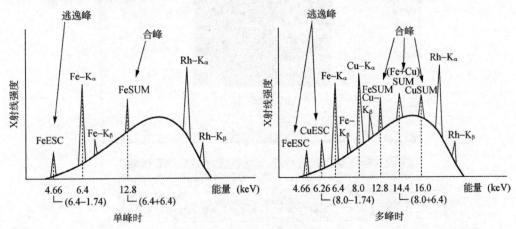

图 24-7　逃逸峰和合峰

4）衍射线

在测定特定的金属样品时，有时会在非特定位置出现和荧光 X 射线的峰相似的峰，这个峰称为衍射线（图 24-8）。改变样品的测量方向，有时可以确定此峰是荧光 X 射线还是衍射线。

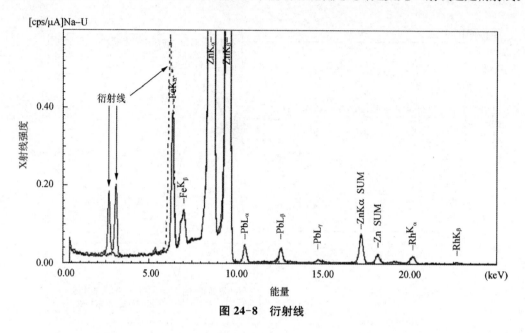

图 24-8　衍射线

五、实验方法和步骤

1. 打开 PCEDX Navi 软件，按顺序单击"维护""初始化仪器"，等待各项指标显示 OK 后，按顺序单击"仪器设置""执行启动"，查看面板上 X-RAY 灯已亮后，预热 30 min（图 24-9）。

图 24-9　PCEDX Navi 软件初始界面

2. 放置 A750 标准试样,按顺序单击"分析""分析组""定性-定量""Easy-lchan""OK",查看结果,若 Al>94%, Sn>3%,能测出 Cu、Ni、Fe,则仪器可以进行检测(图 24-10)。

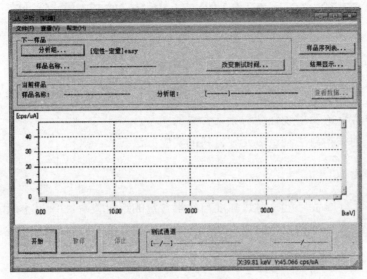

图 24-10　分析界面

3. 放置待测样品,按照步骤 2 中的顺序进行检测,检测过程中不能开启样品室。

4. 测试完成,弹出分析结果,根据分析曲线和结果得到结论。

六、实验报告要求

1. 分别以粉末样品和加工态合金块体样品为实验样品,鉴定其元素组成。

2. 简述实验过程。

3. 说明荧光 X 射线定性分析的依据,多元素样品的定性分析存在哪些困难。

七、实验注意事项

实验过程中注意辐射保护,同学在实验现场注意安静。

八、实验思考题

1. X 射线荧光光谱定性分析的基本原理。

2. X 射线荧光光谱定性分析的正确性、可靠性。

3. X 射线荧光光谱分析可适用的样品有哪些?

实验 25　X 射线荧光光谱定量分析

一、实验目的

1. 掌握样品荧光 X 射线强度与元素含量的关系。
2. 熟悉 X 射线衍射法测量多元素材料的实验方法。

二、实验内容

1. 测试多元素样品荧光 X 射线强度与元素含量的定量关系,计算出各元素的量。
2. 全面熟悉 X 射线荧光光谱测定元素含量的实验方法,并进行对比讨论。

三、实验仪器设备与材料

X 射线荧光光谱仪;设定元素试样块。

四、实验原理

定量分析方法根据基体影响处理不同可分为:实验校正和数学校正两类:

1. 实验校正方法

荧光 X 射线定量分析通过分析荧光光谱的纵轴(强度),来分析样品所含元素的含量。通过 X 射线荧光光谱仪可以获得的纵轴信息为荧光 X 射线的强度,不能直接得到含量信息,因此需要先得到强度与含量的对应关系(图 25-1)。

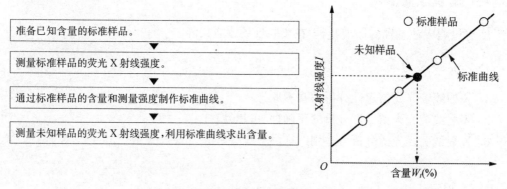

图 25-1　工作曲线

为了表示这个关系,可对已知含量的样品进行测定元素含量,求出荧光 X 射线的强度,从而得到 X 射线强度和含量的关系。如果需要得到更为准确的关系曲线,则需要测定更多标准试样。

2. 数学校正法

以数学解析方法校正基体的吸收—增强影响,实现分析强度与浓度的准确换算。该方法可分为经验系数法和基本参数法。

(1) 经验系数法

利用一组标样的强度与浓度数据和多元线性回归法计算基体的影响系数,实现强度与浓度的准确换算;为了获得准确的校正系数,必须使用数量足够的标准样品,根据精度公式,计算经验系数必须的标准样品数量:$n = 3k + 2$。这样可保证回归计算的精度。

$$RMS = \sqrt{\frac{\sum \left[C_{chem} - C_{calc} \right]^2}{n - k}} \tag{25-1}$$

(2) 基本参数法

利用由若干基本参数构成的理论强度计算方程计算分析线的理论强度,并与测量强度拟合,计算灵敏度参数,用迭代方法求得分析元素的浓度。这种方法不能获得强度与分析浓度的显函数(校准曲线)。

五、实验方法和步骤

1. 打开 PCEDX Navi 软件,按顺序单击"维护""初始化仪器",等待各项指标显示 OK 后,按顺序单机"仪器设置""执行启动",查看面板上 X-RAY 灯已亮后,预热 30 min。(软件初始界面同图 24-9)

2. 定性标准,按顺序单击"分析""分析组""定性-定量""Easy-lchan""OK",查看结果,若 Al>94％, Sn>3％,能测出 Cu、Ni、Fe,则仪器可以进行检测(分析界面同图 24-10)。

3. 定量标准,按顺序单击"分析""分析组""定量""Easy-lchan""OK",查看结果,输入标准试样的成分参数。

4. 放置待测试样,按顺序单击"分析""分析组""定量""Easy-lchan""OK"。

5. 测试完成,得到测试样品的元素。

六、实验报告要求

1. 分别以粉末样品和加工态合金块体样品为实验样品,分析其元素含量。

2. 简述实验过程。

3. 说明荧光 X 射线定量分析数学校正法的原理。

七、实验注意事项

实验过程中注意辐射保护,同学在实验现场注意安静。

八、实验思考题

1. X 射线荧光光谱定量分析的基本原理。

2. 数学校正法需要知道哪些参数?

3. 散射线对 X 射线荧光光谱定量分析有何影响?

实验 26　氦离子显微镜形貌分析

一、实验目的

1. 学习了解氦离子显微镜的结构和工作原理。
2. 了解氦离子显微镜的设备启动和拍照方法。
3. 掌握氦离子显微镜的加工和拍照特点。

二、实验内容

了解氦离子显微镜的基本构成、设备启动的基本步骤和工作原理。

三、实验仪器设备与材料

Orion nano fab 氦离子显微镜,见图 26-1;不导电样品(玻璃,布头)。

技术指标:
1. 氦离子束分辨率:0.5 nm;
　　光束能量:10～35 kV;
　　光束电流:0.1～100 pA;
2. 氦离子束分辨率:1.9 nm;
　　光束能量:10～30 kV;
　　光束电流:0.1～50 pA;
3. 样品室内部尺寸:(280×280×260) mm(长×宽×高);
4. 等离清洗器 80 mm 封闭式载入装置;
5. 可定制大小的检视门 6 条观察孔可供选配;
6. 样品运送时间:3 min。

图 26-1　氦离子显微镜

四、实验原理

1. 氦离子显微镜原理

在普通扫描电镜中,探针尺寸和光斑分辨率主要受到两个条件的限制,一是衍射,由于电子具有波动性,其德布罗意波长不为零,当电子流经一个狭缝时会发散开,导致束斑尺寸变大;二是其他信号干扰,在样品表面下方,电子束往往会被散射,这导致了高能背散射电子的产生,而它们中的一部分会在离入射电子束几个纳米的地方返回并逸出样品表面。因此,如果收集二次电子,它们不仅来自于原始电子束的入射处,而且还来自于背散射电子逸出样品的所有其他位置,携带着样品表面下方较深区域的非局部信息,这往往会使图像变得模糊。

氦离子显微镜（Helium Ion Microscope，HIM）的组成部件与扫描电镜很类似，如图 26-2 所示，都是束流自上而下，经过镜筒的调节和约束，聚焦并扫描位于底部的样品。主要区别在于，氦离子显微镜所用束流为离子束，而普通扫描电镜使用的是电子束。HIM 场离子源放置于顶部，使用的是一项源于传统的场离子显微镜技术。在 HIM 中，有一条极其尖锐的金属丝被接在大的正电位上，从而产生很大的电场，以至于能够使其附近的任何中性原子电离。它被置于高真空环境中，而氦气则被引入来产生离子束。从它附近经过的氦原子都会被电离，并被加速离开针尖。

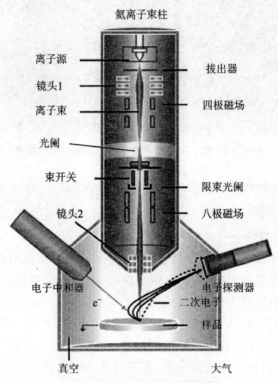

氦离子束柱

离子源
镜头1
离子束
光阑
束开关
镜头2
电子中和器
e^-

拔出器
四极磁场
限束光阑
八极磁场
电子探测器
二次电子
样品

真空　　　　　大气

图 26-2　氦离子显微镜构造图

由于氦离子比电子重 7 000 倍，氦离子束在通过孔洞时仅仅发生非常微弱的衍射现象。扫描电子显微镜中，由于衍射会决定束斑直径，因而是限制其分辨率的主要因素。由于氦离子束波长极短，几乎不受衍射影响，因而可以聚焦成非常细的束斑，如图 26-3 所示。

另一方面，当电子束撞击某一表面时会因与周边材料的相互作用发生光束散射效应，从而在稍大于光束本身的一个区域内引起二次电子发射。表面相互作用的区域越小，则最终成像的分辨率越高。当含较大和较重颗粒的氦离子束撞击样品时，其颗粒不会在表面附近发生散射，如图 26-4 所示。最终结果是表面相互作用的区域

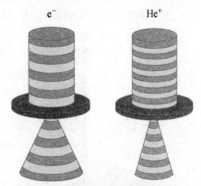

e^-　　　He^+

图 26-3　氦离子具有比电子更短的德布罗意波长，因而衍射现象极微弱

更小且成像分辨率更高。

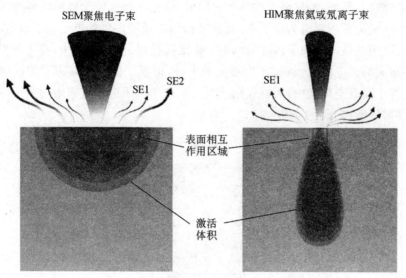

图 26-4　电子束和离子束与样品相互作用示意图

　　基于以上两方面独特优势,氦离子显微镜具有很高的扫描分辨率,可达到 0.25 nm,同时还具备较好的景深效果。

　　2. 氦离子显微镜扫描不导电样品

　　常规对于不导电样品,普通扫描电镜需要对样品进行表面镀层处理,镀上一层 10 nm厚的导电层。镀层后虽然可以拍摄,但有很多缺点,一方面会直接掩盖样品最表层的形貌信息,降低扫描准确率;另一方面,镀层的厚薄不均会影响电子逸出,从而影响拍摄图片质量。如果不对样品进行镀层处理,扫描不导电样品时,多余的电荷不能导走,在试样表面会形成积累,产生一个静电场干扰电子束入射和二次电子收集,这就是荷电效应。对于氦离子显微镜而言,入射的是正电荷的离子束,当扫描不导电样品时,正电荷无法导走,也会在样品表面富集,因此逸出的成像二次电子会被中和,无法进行完美成像,如图 26-5(a)所示。针对这一点,氦离子显微镜系统里配备了电子中和枪(Flood gun),向样品表面喷射二次电子,将富集的正电荷中和,扫描逸出的成像二次电子则不受影响,正常收集成像,如图 26-5

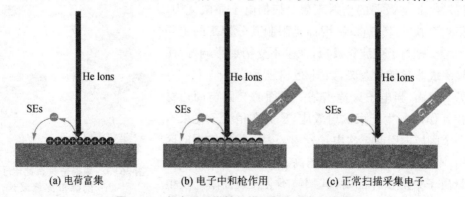

图 26-5　氦离子显微镜扫描不导电样品示意图

(b)和26-5(c)所示。同时,实现了不镀层能正常扫描不导电样品的功能,节约成本的同时能良好地展现样品最表层的形貌信息。

五、实验方法和步骤

1. 样品准备

将不导电样品,以麻布为例,取一小块至于样品台上,样品与样品台之间通过碳导电胶进行固定粘连。对于生物样品,则需进行干燥或者冷冻处理,防止其在设备真空腔里产生挥发、流液等反应,污染镜筒及腔室。颗粒物状样品,需要均匀洒在导电胶上,并用气吹吹走粘贴不牢的颗粒,防止其在腔室内撒落。

2. 设备启动

将样品台安全送入真空腔室内,关上舱门。启动"UI"软件,使用样品台导航系统和操作盘,将样品台移动到镜筒极靴正下方,点击"He on"按钮,观察镜筒真空度。镜筒原始真空为 133.3×10^{-10} Pa(1×10^{-10} Torr),当真空度达到 133.3×10^{-6} Pa(1×10^{-6} Torr)且软件显示"Helium on"时,说明系统已经启动,并能正常使用。

3. 扫描成像

(1)切换正常模式和离子源模式,检查三原子离子源是否校正准确。在离子源模式下,将对比度调暗,调节"Lens1"将离子源缩小成圆形光斑,调出屏幕十字标尺,检查光斑中心与十字中心是否重合。若不重合,扭动操作盘"tilt"旋钮至二者重合。切换回扫描模式,按下"Stop"按钮,检查屏幕下方电流显示。若电流超过 0.5 pA,则点击"Spot size"选项,将参数调至 4~6 不等,目的使束流低于 0.5 pA。

(2)在电流正常前提下,点"Continue"进行扫描,调节聚焦和放大倍数两个旋钮,找到样品所在位置。首先在样品上找到特征点,高倍率下调节清楚,在低倍率下观察样品。同扫描电镜一样,在氦离子显微镜调节过程中,若图像上下左右有拉长现象,则需调节像散"Stigmation"旋钮。如果图像不清晰,显示雪花模式影响观察,则调整驻留时间,一般观察驻留时间为 2 μs,图像扫描速度会减慢,显示更为清晰。扫描速度过满,还可将视野尺寸减小,加快扫描,可选择"512×512"或者"1 024×1 024"两种像素尺寸,大尺寸扫描速度慢。此外,还可使用"Reduced"功能,局部图像调节清楚,则全局扫描相应清楚。

(3)普通模式下扫描不导电样品时,观察到的样品表面大部分被黑色所覆盖,无法看清楚形貌细节,此时即为电荷富集表面、二次电子无法收集所导致。点击"Flood Gun"功能界面,如图 26-6 所示,点击"Power up"启动电子中和枪,观察样品表面亮度有无提高,表面形貌有无显露出来。然后左右调节"Flood energy"参数轴,看样品形貌有无改善,在最佳显示效果处停下。选择 2 μs 的驻留时间与 16 线扫描速度后,按下"Grab"按钮,扫描拍摄样品形貌图片。

(4)在保证样品表面细节清楚的前提下,可以手动调节"X Deflection"和"Y Deflection"参数轴,观察样品形貌的变化规律,如亮度、清晰度等,调节至最佳成像参数。移动样品,在不同区域、不同放大倍率下进行观察拍照。在"Presents"选项栏里,可将最佳参数储存起来,以便下次拍摄相同样品时使用。

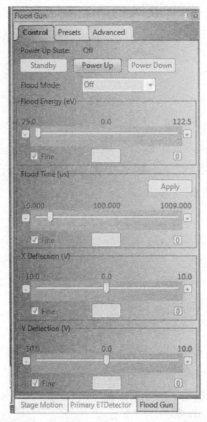

图 26-6　电子中和枪"Flood Gun"操作界面

以麻布为例,拍摄正常的布头扫描图片如图 26-7 所示。

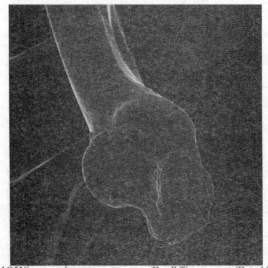

	Field Of View 44.45 μm	5.00 μm	Dwell Time 0.5 μs	Date:1/17/2014 Time:4:33 PM
	Mag(Display) 6 934.55 X	Blanker Current 1.9 pA	Working Dist 10.3 mm	Acceleration V 39.2 kV

图 26-7　氦离子显微镜拍摄麻布布头图像

（5）更换不同的不导电样品，如玻璃、头发等，进行扫描成像，观察样品表面细节。

六、实验报告要求

1. 分别以麻布样品和玻璃等为不导电实验样品，扫描成像其表面形貌。
2. 简述实验过程。
3. 说明氦离子显微镜成像优势及扫描不导电样品的原理。

七、实验注意事项

实验过程中注意操作安全，防止碰到样品舱内其他部件，同学在实验现场保持安静。

八、实验思考题

1. 限制普通扫描电镜分辨率的因素。
2. 氦离子显微镜的其他重要用途。
3. 发挥想象，观察新奇样品的表面形貌。

实验 27　聚焦离子束微纳刻蚀

一、实验目的

1. 了解聚焦离子束及双束系统的基本结构和原理。
2. 掌握聚焦离子束的刻蚀方法。
3. 了解双束电镜系统的基本操作。
4. 了解离子成像和电子成像的区别,学会运用 NPVE 软件进行刻蚀图形导入和创意设计,掌握刻蚀参数设置。

二、实验内容

1. 根据聚焦离子束的基本原理,对照双束仪器设备,了解各部分的功能用途。
2. 根据操作步骤,对照设备仪器,了解每步操作的目的和控制的部位。
3. 在老师的指导下进行刻蚀的基本操作。
4. 设计创意刻蚀图形。

三、实验仪器设备与材料

Auriga 45-66 聚焦离子束和电子束双束系统,见图 27-1 所示。

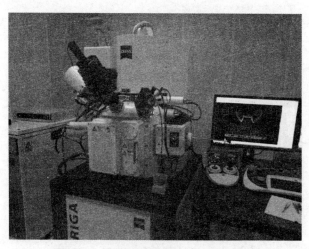

图 27-1　聚焦离子束和电子束双束系统

四、实验原理

聚焦离子束(Focused ion beam, FIB)系统是利用静电透镜将离子束聚焦成极小尺寸的显微加工仪器。聚焦的离子束在电场作用下可被加速或减速,以任何能量与靶材发生作用,并且在固体中有很好的直进性。离子具有元素性质,因此 FIB 与物质相互作用时能产生许多可被利用的效应。通过荷能离子轰击材料表面,实现材料的剥离、沉积、注入和改性。目前商用系统的离子束为液相金属离子源(Liquid metal ion source,LMIS),金属材质为镓(Gallium,Ga),因为镓元素具有低熔点、低蒸气压及良好的抗氧化力。现代先进 FIB 系统为双束配合,即离子束+电子束(FIB+SEM)的系统。在 SEM 微观成像实时观察下,用离子束进行微加工。

　　离子束系统的"心脏"是离子源。目前技术较成熟,应用较广泛的是液态金属离子源,其源尺寸小、亮度高、发射稳定,可以进行微纳米加工。同时其要求工作条件低,(气压小于 10 Pa,可在常温下工作),能提供 Al、As、Au、B、Be、Bi、Cu、Ga、Fe、In、P、Pb、Pd、Si、Sn 及 Zn 等多种离子。由于 Ga(镓)具有低熔点、低蒸气压及良好的抗氧化力,成为目前商用系统采用的离子源。液态金属离子源(LMIS)结构有多种形式,但大多数由发射尖钨丝、液态金属贮存池组成,典型的液态金属离子源结构示意图如图 27-2 所示。

　　在离子柱顶端外加电场于液态金属离子源,可使液态金属形成细小尖端,再加上负

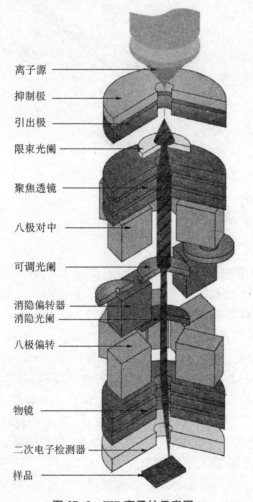

离子源
抑制极
引出极
限束光阑
聚焦透镜
八极对中
可调光阑
消隐偏转器
消隐光阑
八极偏转
物镜
二次电子检测器
样品

图 27-2　FIB 离子柱示意图

电场牵引尖端的金属,从而导出离子束。然后通过静电透镜聚焦,经过一连串可变化孔径可决定离子束的大小,而后通过八极偏转装置及物镜将离子束聚焦在样品上并扫描。离子束轰击样品,产生的二次电子和离子被收集并成像或利用物理碰撞来实现切割或研磨。

将离子束和电子束集合在一台分析设备中,集样品的信息采集、定位加工于一身,是现代聚焦离子束的普遍应用载体。其优势是兼有扫描镜高分辨率成像的功能及聚焦离子束精密加工功能。用扫描电镜可以对样品精确定位并能实时原位地观察和监控聚焦离子束的加工过程,得到所需的样品尺寸或者外形。聚焦离子束切割后的样品也可以立即通过扫描电镜观察和测量。FIB 双束系统由离子束柱、电子枪、工作腔体、真空系统、气体注入系统及纳米机械手等组成。FIB 刻蚀＋实时成像原理如图 27-3 所示。

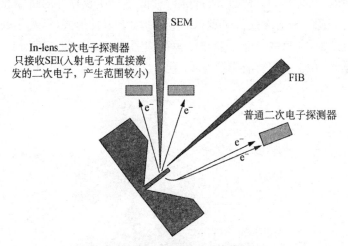

图 27-3 FIB 刻蚀＋实时成像原理

五、实验方法和步骤

1. 试样制备

刻蚀试样要求跟普通扫描电镜一致,均可以在块体、薄膜、颗粒等试样上进行刻蚀,且试样在真空条件能保持性能稳定。如含有水分,则应先干燥。试样严禁具有挥发性,与离子束作用后产生有害气体等的试样,应禁止刻蚀加工。

1) 块体试样的制备

一般块体试样的尺寸为:直径 10～15 mm,厚度约低于 10 mm。导电试样可直接置入样品室中的样品台上进行观察加工。在试样与样品台之间贴有导电胶(碳胶),一方面可固定试样,防止样品台转动或上升下降时,样品滑动,影响观察和加工精度;另一方面,起到释放电荷的作用,防止电荷聚集。若刻蚀非导电试样,则需对试样表面喷涂一层厚度约 10 nm 的金、铜、铝或碳膜导电层。导电膜厚度应适中,太厚,则会掩盖样品表面细节,太薄时,会使膜不均匀,导致局部放电,影响图像质量。

对于金属块体试样,样品表面必须研磨和机械抛光处理,同时试样与样品台接触面要平,扩大粘贴面积,保证样品固定。

2）粉末试样的制备

粉末试样的制备主要考虑防止在加工过程中，颗粒出现脱落并掉进样品舱，因此粉末试样要充分固定。最常用的是胶纸法，先把碳胶粘贴在样品台上，然后将粉末均匀撒在碳胶上，用气吹吹去黏贴不牢固的粉末即可。对不导电的粉体仍需喷涂导电膜处理。

2. FIB/SEM 双束系统操作

1）系统启动

（1）将粘有样品的样品台通过样品杆放入系统舱室内，注意一定要与室内卡槽正确接触，防止样品台在倾转过程中滑落。

（2）将样品台移动到电子枪下方，使用导航功能定位到试样位置。点击"EHT on"打开电子枪高压，待进度条走完，按操作盘"camera"按钮，切换至电子扫描模式。

2）电子束与离子束的合轴操作

为使刻蚀过程中可以实时观察到刻蚀情况，从而判断刻蚀效果，同时避免无效加工和及时停止有害的加工，所以应将电子束与离子束进行合轴操作，使二者汇聚于一点。具体方法如下：

（1）调节电子束聚焦旋钮，使样品在工作距离 8 mm 左右、放大倍数 500 倍图像清楚，找到一处尺寸大于 10 μm 的特征点，将其调至屏幕视野中心，以便后续操作时作为参考。

（2）使用倾转摇杆，将样品台按顺时针方向慢慢倾转，倾转至 5°左右。点击工具栏调出屏幕"十字"标尺，通过高度矫正按钮上下调节图像，使特征点始终处于十字标尺中心。此时如画面模糊，则通过聚焦旋钮调节清楚。

（3）倾转样品台至 10°、30°重复上述步骤（2）操作，保持特征点一直处于视野中心（十字中心）位置。继续倾转样品台至 54°，同样通过操作使特征点位于视野中心位置，此角度下样品台与离子束垂直，是正常刻蚀角度，如图 27-4 所示。

图 27-4　FIB 刻蚀时样品台位置

（4）由于样品与水平呈 54°夹角，此时扫描图像是拉长的，与真实不符。开启图像画面矫正功能，输入角度 54°，图像通过电脑处理正常显示。在保证安全前提下，将样品台提升至工作距离为 5.1 mm 处。

（5）打开离子枪,选择束流为 50 pA,切换到离子束成像模式,找到特征点,通过上下和左右移动摇杆,将特征点移动到视野中心（十字中心）,然后回到电子束成像模式下,通过"beam shift"功能,将特征点移动到视野中心,两种成像模式来回切换,确定合轴操作完成。

3. FIB 刻蚀

1）刻蚀图形设计

一般刻蚀诸如线条、矩形、梯形等简单图形,可以用设备自带软件来实现,本实验我们借助专业刻蚀软件 NPVE 来实现复杂花样的刻蚀,该软件包括尺寸面积、刻蚀剂量、刻蚀时间等加工参数设置,同时还具备手动画图、图形矩阵扩展、图片导入等设计功能,让刻蚀功能更加全面和多样化。

在 NPVE 软件里,点击字母选项,输入"NJUST",然后在对话框里选择加粗、倾斜、下画线等格式,然后点确定,在视野里便出现了绿色显示的"NJUST"图样,如图 27-5 所示,绿色花样部分为刻蚀部分,其余地方不刻。

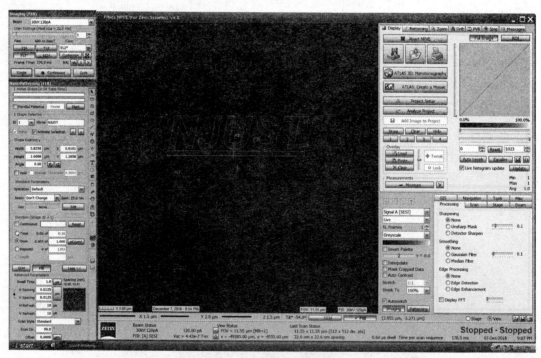

图 27-5　NPVE 软件设计刻蚀花样

2）刻蚀参数设置

在离子束扫描模式下,点击"FIB"按键将信号切换至 NPVE 软件控制。在软件左侧工具栏,如图 27-5 所示,设置束流为 50 pA,然后点击"Single",用离子束扫描成像一幅样品表面形貌照片,点击"Continue"离子束则不断刷新扫描,通过这两个按键配合样品台的移动来选择进行离子刻蚀的区域。区域确定以后,在右侧屏幕上点击"NJUST"花样,在左侧"形状几何"栏可以输入花样的尺寸大小,同时也可用鼠标拉动花样来自动设置。在下方的"Duration"工具栏中,输入的是摄入样品的离子量,即刻蚀的严重程度,剂量大代表刻蚀的时间长、深度深,反之则时间短、深度浅。输入"Dose"为 1,点"Reset"按钮,计算刻蚀时间。点击"Start"按钮,开始样品刻蚀,在 FIB 系统控制软件界面点击"Milling＋SEM"按键,切换到刻蚀加扫描成像模式,实时观察刻蚀进度和刻蚀程度。待刻蚀完成后,切换回普通扫描模式,其刻蚀效果如图 27-6 所示,在样品上准确显示出"NJUST"字母字样。

图 27-6　FIB 刻蚀字母花样

设计不同花样进行刻蚀实验,更换注入剂量,观察刻蚀花样的变化。刻蚀完成后,关闭离子枪,将样品台首先降下放平,从设备里取出。

六、实验报告要求

1. 简述离子源和 FIB 电镜系统的基本结构。
2. 简述刻蚀基本步骤。
3. 设计一款新颖刻蚀花样,最好具备科学性。

七、实验注意事项

1. 移动样品台时注意不能碰到腔室内其他探头。
2. 样品要粘贴牢固,防止刻蚀过程中漂移。

八、实验思考题

1. 简述镓离子源的特点。
2. 简述离子束与电子束的合轴目的及操作。
3. 微纳米刻蚀有哪些科学应用?

实验 28　电子背散射衍射晶粒取向分析

一、实验目的

1. 了解扫描电子显微镜下电子背散射衍射(EBSD)的基本原理。
2. 掌握电子背散射衍射实验的操作步骤。
3. 掌握电子背散射衍射的分析软件绘制晶粒取向图的步骤。

二、实验内容

了解扫描电子显微镜下电子背散射衍射的基本结构和工作原理,掌握电子背散射衍射实验的操作步骤,利用电子背散射衍射数据处理软件绘制晶粒取向伪彩色图。

三、实验仪器设备与材料

Quant 250FEG 扫描电子显微镜,见图 14-1 所示;背散射衍射电子采集附件,见图 28-1 所示;试样块。

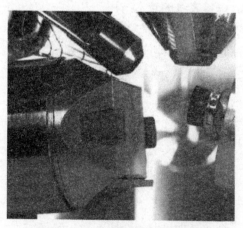

图 28-1　电子背散射衍射采集附件

四、实验原理

在扫描电子显微镜中,入射电子束与样品表面作用会产生大量沿各个方向运动的非弹性散射电子。这些非弹性散射电子入射到某一晶面发生类似于透射电子显微镜下的菊池衍射。但是发生菊池衍射的背散射电子从试样表面逸出之前,要经历较长路径而可能被样品大量吸收,因此难以产生足够强的衍射信号。为了缩短电子运动路径,让更多的背散射电子参与衍射而获得更强的衍射信号,需要将样品倾转至 70°左右,如图 28-2 所示。

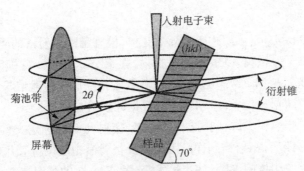

图 28-2　扫描电子显微镜中 EBSD 衍射谱的产生原理

　　扫描电子显微镜的相机长度 L（即样品到衍射谱探测器的距离）较小,电子背散射衍射(EBSD)的衍射谱角域比透射电镜菊池谱宽得多,因此衍射谱包含多组相交的菊池带。每条菊池带的中心线对应着一个晶面。菊池带相交于区轴。相交于同一区轴的菊池带所对应晶面亦属于同一晶带,区轴实际上对应于该晶带的晶带轴。

　　晶体取向的三维转动必然伴随着菊池衍射谱的明显位移,因此通过菊池衍射谱可以方便地确定晶体取向。目前,应用软件已经实现 EBSD 衍射谱中菊池带的自动识别,并根据晶体学数据库标定出每个菊池带所对应的晶面和区轴对应的晶带轴。最后,通过样品坐标系、衍射谱坐标系以及晶体坐标系的坐标变换,以及各菊池带在衍射谱中的方向,计算出晶体取向欧拉角$(\varphi_1,\varPhi,\varphi_2)$。多晶材料的晶粒内部具有相近取向,而晶粒之间存在明显的取向差异。因此,利用不同颜色渲染不同的晶体取向可以清晰显示出晶粒的形貌,特别是传统化学方法难以侵蚀显示的小角晶界或特殊晶界。这使得晶粒尺寸测量更为准确,并可区分孪晶界或亚晶界的影响。

五、实验方法和步骤

1. 样品制备

　　EBSD 的信号主要来自于样品表面几个原子层;如果表面变形或者存在氧化膜,衍射信号急剧降低而影响 EBSD 取向标定率。因此,样品制备对 EBSD 分析十分关键。对于金属样品,先沿感兴趣截面切取厚度不超过 20 mm 的平板样品,用越来越细的砂纸逐道次打磨样品表面;然后,分别利用金刚石和二氧化硅抛光膏进行机械抛光,获得平直表面;最后,利用电化学抛光,去除表面塑性变形层。

2. 电子背散射衍射数据采集

　　(1) 启动 EBSD 控制计算机和 EBSD 数据采集系统。

　　(2) 装入样品,使样品坐标系与电镜坐标系重合。一般使图像边缘平行或垂直于样品的特征方向,如拉伸样品的拉伸方向、轧制样品的轧向或法向。注意使用扫描电镜上的十字交叉对准线,水平移动样品看样品特征方向是否一直与图像水平或垂直方向平行。如果不平行,绕样品 Z 轴旋转样品进行微调。

　　(3) 样品倾转 70°,使样品面对 EBSD 探头。如果使用 70°倾斜的样品台,则省去这一步操作。

　　(4) 启动扫描电子显微镜的倾转校正和动态聚焦功能;调整工作距离到 15~25 mm

之间。

（5）插入 EBSD 探头，以点模式产生菊池花样，检查菊池衍射谱的质量。

（6）回到扫描电子显微镜，以最高速度扫描，在 EBSD 控制计算机采集菊池花样背底，并设置背底扣除模式。转回 EBSD 点模式，查看背底扣除后的菊池带花样。

（7）启动 EBSD 数据采集软件，创建存储数据的项目文件名。

（8）调入样品晶体学库文件，同时调入 EBSD 衍射几何的标定文件。随机选择几个菊池花样校正样品工作距离、衍射谱到样品距离以及衍射谱中心位置等几何参数。

（9）确定取向成像测量的参数，如步长大小，X/Y 方向的测定点数，放大倍数，启动"自动进行"按钮开始 EBSD 面扫描。

（10）EBSD 数据采集完成后，抽出 EBSD 探头，将样品倾转回水平位置，关闭扫描电子显微镜的倾转校正和动态聚焦功能。关闭 EBSD 图像处理器和控制计算机。

3. 利用 Tango 软件绘制取向图

（1）打开步骤 2 生成的数据项目文件；

（2）打开取向图的组元库，选择网格组元选项卡，如图 28-3 所示。右击"All Euler"选择"Add"，以欧拉角显示各个晶粒的取向。

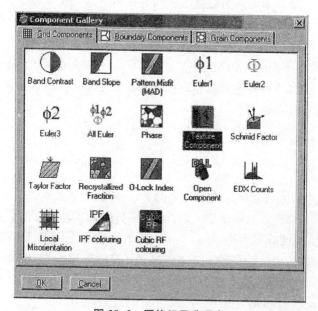

图 28-3　网格组元选项卡

（3）选择边界组元选项卡，如图 28-4 所示。右击"Grain Boundary"选择"Add"，在取向图上添加晶界。修改选项，以不同颜色绘制大角晶界（>15°）和小角晶界（<15°）。

六、实验报告要求

1. 简述 EBSD 实验的操作步骤。

2. 以不同的着色模式绘制晶粒取向图。

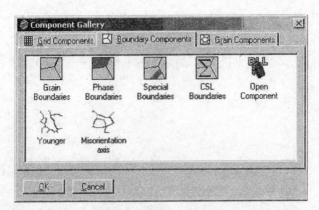

图 28-4　边界组元选项卡

七、实验注意事项

在实验现场减少走动,保持安静。

八、实验思考题

1. 菊池衍射谱的形成机制。
2. 电子背散射衍射如何确定晶体取向?

实验 29　电子背散射衍射织构分析

一、实验目的

1. 了解扫描电子显微镜下电子背散射衍射(EBSD)的基本原理和操作步骤。
2. 掌握电子背散射衍射织构分析的流程。

二、实验内容

了解扫描电子显微镜下电子背散射衍射的基本结构和工作原理,掌握电子背散射衍射实验的操作步骤,利用电子背散射衍射数据处理软件绘制晶体织构的极图和反极图。

三、实验仪器设备与材料

Quant 250FEG 扫描电子显微镜,见图 14-1 所示;背散射衍射电子采集附件见图 28-1 所示;表面抛光金属试样。

四、实验原理

许多材料在制备过程中或经热处理或塑性变形等加工后,晶粒取向并非随机,而是呈明显的择优取向分布,即存在织构。晶体学织构显著影响材料的力学性能和物理性能,导致各向异性的出现。

不同于 X 射线衍射分析采集{１００}、{１１０}、{１１１}等几组晶面沿一系列空间取向的衍射强度确定晶体织构,电子背散射衍射(EBSD)直接分析样品表面规则网格内各点的菊池衍射谱,并标定晶体取向。这些晶体取向的统计分布在一定程度上可以反映样品的织构特征。一种直观呈现取向分布的方法是将 EBSD 获得的取向信息以散点图形式画于极图或反极图中。散点聚集状态定性反映织构弥散程度。但这种方法仅适用于取向数据点较少的情况。为了获得定量的织构相对密度,必须将 EBSD 获得的离散单晶取向数据转变为密度分布。晶体取向数据集对应的密度分布可以通过将极图角坐标 α 和 β 分割为角度单元,如 $\alpha \times \beta = 5° \times 5°$,并统计每个单元的数据点数。计算完所有的取向数据点后,所有角度单元格数据除以总的取向数据点数 N,即可得到 (hkl) 极图的分布密度。

EBSD 织构分析方法与传统的 X 射线衍射具有明显的区别。X 射线衍射利用某一选择晶面的相对衍射强度表示该晶面在 X 射线照射范围内数千晶粒的平均取向分布,因此每次测量只能获得表示该晶面空间分布的极图。为了获得完整的三维取向信息,必须获得至少两个晶面的极图,再利用复杂的数值计算建立三维取向分布函数。EBSD 直接获得衍射源点单晶体的三维取向信息。为了获得具有统计意义的取向分布,需要将分析区域分成数万个点,并逐点测定晶体取向,然后统计出织构定量信息。根据分析区域内晶粒数量的不同,

X射线衍射获得的是宏观织构,而EBSD一般只能表征微观局域织构。如果样品织构相对均匀,EBSD所得织构信息与X射线衍射结果是很接近的。

五、实验方法和步骤

1. 样品准备

装入样品,确保样品坐标系与电镜坐标系重合,使样品特征方向平行或垂直屏幕边缘。样品倾转70°。启动EBSD控制计算机,插入EBSD探头,在点控制模式下检查菊池衍射谱质量,采集衍射谱背底并设置背底扣除方式。载入测试样品的晶体学库文件,精确标定衍射几何参数。根据样品晶粒尺寸,选择合适的步长,以采集尽可能多的晶粒取向数据。创建数据项目文件,启动自动衍射谱采集和标定。

2. 利用Mambo程序分析织构的极图

1) 打开步骤1生成的数据项目文件。

2) 创建一个极图图纸。

3) 打开极图模板管理器,创建一个极图模板,输入"100 110 111"作为模板名称,选择样品坐标系CSO作为坐标系,投影方式选择"等面积"和"上半球",分别添加{100}、{110}、{111}三个晶面构建对应的三个极图。

4) 在模板管理器中,把右侧列表中新创建的"100 110 111"模板,拖放到左侧列表样品所对应的物相上(图29-1)。

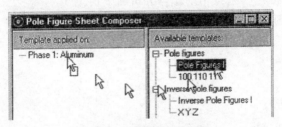

图 29-1　极图模板管理器

5) 点击"确定"按钮,关闭模板管理器,则极图图纸显示出{100}、{110}、{111}极图。点击"散点图"和"等高线云图"选项卡,切换极图呈现方式(图29-2)。

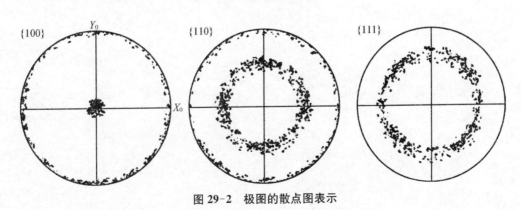

图 29-2　极图的散点图表示

3. 利用 Mambo 程序分析织构的反极图

1）打开步骤 1 生成的数据项目文件。

2）创建一个反极图图纸。

3）打开极图模板管理器，创建一个反极图模板，输入"Specimen Z-axis"作为模板名称，选择样品坐标系 CSO 作为坐标系，选择投影方式为"等面积"和"上半球"，选择 Z 轴，添加反极图，勾选"Folded"选项，在取向三角形中显示反极图。

4）在模板管理器中，把右侧列表中新创建的"Specimen Z-axis"模板，拖放到左侧列表样品所对应的物相上。

5）点击"确定"按钮，关闭模板管理器，则反极图图纸显示出样品 Z 轴反极图。

六、实验报告要求

1. 绘制并分析所测试样品晶体织构的{100}、{110}、{111}极图。

2. 绘制并分析所绘制样品晶体织构的 Z 轴反极图。

七、实验注意事项

实验现场减少走动，保持安静。

八、实验思考题

1. EBSD 织构分析与 X 射线衍射织构分析的区别。

2. 如何利用 EBSD 获得更具统计意义的晶体织构？

实验 30 红外光谱分析

一、实验目的

1. 了解傅里叶变换红外光谱仪的基本构造及工作原理。
2. 学习高分子聚合物红外光谱测定的制样方法。
3. 学会用傅里叶变换红外光谱仪进行样品测试。
4. 掌握几种常用的红外光谱解析方法。

二、实验内容

了解傅里叶变换红外光谱仪的基本构成、红外光谱图测定的基本步骤和工作原理。

三、实验仪器设备与材料

傅里叶变换红外光谱仪，见图 30-1 所示；试样（固、液、气均可）。

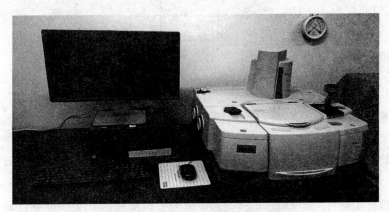

图 30-1　IS50 傅里叶变换红外光谱仪

四、实验原理

1. 红外光谱

红外光谱属于分子振动光谱。当用一束红外光（具有连续波长）照射一物质时，该物质的分子就要吸收一部分光能，并将其变为另一种能量，即分子的振动能量或转动能量。因此，若将其透射过的光用单色器进行色散，就可以得到一带暗条的谱带。如果以波长或频率为横坐标，以百分吸收率或透过率为纵坐标，把这谱带记录下来，就得到了该物质的红外吸收光谱。

通过图谱解析可以获取分子的结构信息。红外光谱可以用振动方程和振转方程来进行谱分析,也可运用分子的对称因素以点阵图解法进行归属,但这些方法只适应于简单分子。基团频率法是基于实验为依据的归纳法,对简单分子和复杂分子均适应。经验发现,组成分子的各种基团如 O—H、C—H、C≡C、C≡O 等都有着自己特定的红外吸收区域,分子的其他部分对其吸收位置的变化仅有较小的影响。通常把这种能代表某基团存在并有着较高强度的吸收峰称为特征吸收峰,其所在的位置称为特征频率或基团频率。显然,这些特征吸收峰是非常有用的,它使我们有可能借助红外光谱推断出未知物的结构来。根据经验,中红外光谱可分成 4 000～1 330 cm^{-1} 和 1 330～600 cm^{-1} 两个区域,如图 30-2 所示。前者称为基团频率区、官能团区或特征区,区内的峰是由伸缩振动产生的吸收带,比较稀疏,易于辨认,常用于鉴定官能团。后者称为指纹区,除了单键的伸缩振动吸收峰外,还有因变形振动产生的谱带。指纹区对于指认结构类似的化合物很有帮助,而且可以作为某种化合物中存在某种基团的旁证。

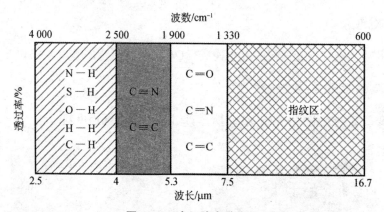

图 30-2　中红外光谱分区

　　红外光谱应用面广,提供的信息多且具有特征性,故称之为"分子指纹"。依据光谱吸收峰的位置和形状推断未知物的结构,依据特征峰的强度对混合物中各组分进行定量。不受样品相态的限制,固、液、气均可,不受熔点、沸点和蒸气压的限制,样品用量少且可回收。

　　2. 红外光谱仪

　　红外光谱仪主要有两种类型:色散型和干涉型。色散型红外光谱仪是以棱镜或光栅作为色散元件,能量收到严格的限制,扫描慢,灵敏度、分辨率和准确率低。干涉型红外光谱仪以傅里叶变换红外光谱仪为代表,它出现于 20 世纪 70 年代,具有以下特点:扫描速度快;光通量大(可以检测光透射率较低的试样);分辨率高;测定光谱范围宽,可以得到整个红外区的光谱。

　　3. 傅里叶红外光谱仪

　　光谱仪通常由三部分组成:红外分光光度计、计算机和打印机。红外分光光度计是红外光谱仪最主要的部分。平时所说的红外光谱仪主要指红外分光光度计。红外光谱仪的各项性能指标都由红外分光光度计决定。

　　傅里叶变换红外分光光度计主要由光源、干涉仪、检测器、计算机和记录系统组成。图 30-3 为其工作原理示意图。

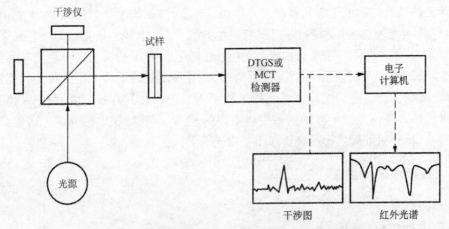

图 30-3 傅里叶变换红外分光光度计工作原理示意图

干涉仪是傅里叶变换红外分光光度计的核心组成部分,其最高分辨率和其他性能指标主要由干涉仪决定。迈克尔逊干涉仪是现代傅里叶变换红外分光光度计最常用的光学系统,其结构示意图如图 30-4 所示。

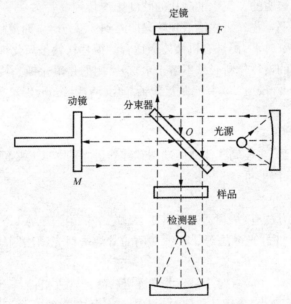

图 30-4 迈克尔逊干涉仪结构示意图

迈克尔逊干涉仪主要由定镜 F、动镜 M、分束器和检测器组成。F 固定,M 可沿镜轴方向前后移动,在 F 和 M 中间放置一个呈 45° 角的分束器。从光源发出的红外光,经凹面镜反射成为平行光照射到分束器上。分束器为一块半反射半透射的膜片,入射的光束一部分透过分束器垂直射向动镜 M,一部分被反射,射向定镜 F。射向定镜的这部分光由定镜反射回分束器,一部分再被反射(成为无用光),一部分透射进入后继光路,称为第一束光。射向动镜的光束由动镜反射回来射向分束器,一部分发生透射(成为无用光),一部分反射进入后继光路,称为第二束光。当两束光通过样品达到检测器时,由于存在光程差而发生干涉。干涉光的强度与两束光的光程差有关：当光程差为波长的半整数倍时，发生相消干涉，干涉光最弱；当光程差为波长的整数倍时，发生相长干涉，干涉光最强。对单色光来说，在理想状态下，其干涉图是一条余弦曲线；对复色光来说，由于多种波长的单色光在零光程差处都发生相长干涉，光强最强，随着光程差的增大，各种波长的干涉光发生很大程度的相互抵消，强度降低，因此，连续波长复色光的干涉图为一条中心具有极大值，两侧迅速衰减的对称干涉图。在复色光的干涉图的每一点上，都包含有不同波长单色光的光谱信息，通过傅里叶变换（计算机处理），即可将干涉图变成光谱图。

五、实验方法和步骤

1. 样品制备

1）液体和溶液试样

除了可以用红外显微镜或多次衰减全反射（ATR）附件测试外，一般的，液体样品可装在红外液体池里测试。液体池的种类很多，可以从红外仪器公司直接购买，也可以自己加工制作。液体池大体可以分为：可拆式液池，固定厚度液池和可变厚度液池。

红外光谱实验室测试有机液体红外光谱，最常用的液池窗片材料是溴化钾和氯化钠。这两种晶片都是无色透明的。氯化钠晶片的硬度比溴化钾晶片大一些，但溴化钾晶片的适用范围比氯化钠晶片宽一些。氯化钠低频端只能测到 $650\ cm^{-1}$，而溴化钾低频端可以测到 $400\ cm^{-1}$。所以在中红外区，测试有机液体最适合的窗片材料是溴化钾。

用于水溶液测试的窗片材料必须不溶于水，最常用的是氟化钡晶片（两片 3 mm 厚氟化钡晶片低频端能测到 $800\ cm^{-1}$），其次是氟化钙晶片（两片 3 mm 厚氟化钙晶片低频端只能测到 $1\ 300\ cm^{-1}$）。

2）气体试样

在玻璃气体池内测定，玻璃气体池两端粘有红外透光的 NaCl 或 KBr 窗片，先将气体池抽真空，再注入试样气体即可。

3）固体试样

固体样品的测试方法有：常规透射光谱法、显微红外光谱法、ATR 光谱法、漫反射光谱法、光声光谱法、高压红外光谱法等。其中常用的常规透射光谱法制样方法有：压片法、糊状法和薄膜法。

（1）压片法：将 1 mg 左右（对于具有非常强吸收峰的含强极性基团的样品，如含羰基化合物，样品量需要适当减少）的固体粉末样品用 150 mg 左右的溴化钾粉末稀释，研磨至颗粒尺寸小于 $2.5\ \mu m$，然后转移至压片模具中铺平，施加一定的压力并保持一定的时间即可压出透明的锭片，即可用于红外光谱测定。为了避免中红外散射，颗粒粒度必须小于 $2.5\ \mu m$。为避免光谱中出现水的吸收峰，试样和溴化钾都需要进行干燥处理。对分子式中含有 HCl 的化合物，则需选用氯化钾代替溴化钾做稀释剂，因为溴化钾和样品中的氯化氢会发生阴离子交换。

（2）糊状法：在玛瑙研磨钵中将待测样品和糊剂（一般为石蜡油或氟油）一起研磨，研磨好之后，用硬质塑料片将糊状物从玛瑙研钵中刮下，均匀地涂在两片溴化钾晶片之间测定红外光谱。石蜡油研磨法可以有效地避免溴化钾压片法的缺点，既不会发生离子交换，又不会吸收空气中的水汽。而且制样速度快,石蜡油在样品表面形成薄膜,保护样品使之与空气隔绝。但石蜡油研磨法也存在明显的缺点:石蜡油糊剂是饱和直链碳氢化合物,在光谱中会出现碳氢吸收峰(位于 $3\,000\sim2\,800\ cm^{-1}$ 区间和 $1\,461$、$1\,377$、$722\ cm^{-1}$ 左右),干扰样品测定,另外所需样品比压片法要多。石蜡研磨法也会使红外光谱谱带发生位移,不过影响比卤化物压片法小得多,因此采用此方法测得的光谱可以作为标准光谱。氟油糊剂黏度比石蜡油大,光谱中没有碳氢吸收峰,但会出现碳氟吸收峰。碳氟吸收峰出现在 $1\,300\ cm^{-1}$ 以下区间,因此氟油研磨法制备的试样只能观察 $4\,000\sim1\,300\ cm^{-1}$ 区间的样品光谱,而在这一区间石蜡油没有吸收谱带(除了 $720\ cm^{-1}$ 出现的一个弱的吸收峰外),两者可以互补。

(3)薄膜法:主要用于测定高分子材料的红外光谱。主要有溶液制膜法和热压制膜法。前者将样品溶于适当的溶剂中,然后将溶液滴在红外晶片(如溴化钾、氯化钾、氟化钡等)、载玻片或平整的铝箔上,待溶剂完全挥发后即可得到样品的薄膜,此法选用的溶剂应该是易挥发的。后者是将较厚的聚合物薄膜压成更薄的薄膜,也可从粒状、块状或板状聚合物上取下少许样品热压成薄膜。薄膜法制样需要注意制膜前和制膜后聚合物的结晶状态有可能发生变化。

2. 样品测试

1) 将制备好的样品用夹具夹持,放入仪器内的固定支架上进行测定,样品测定前要先行测定本底。

2) 测试操作和图谱处理按照工作站操作说明书进行,主要包括:输入样品编号、测量、基线校正、谱峰标定、图谱打印等命令。

3) 测量结束后,用无水乙醇将研钵、压片器具清洗干净,烘干后存放于干燥器中。

3. 谱图解析

(1) 红外谱图解析基本知识

A. 基团频率区

中红外光谱区可分成 $4\,000\ cm^{-1}\sim1\,300(1\,800)cm^{-1}$ 和 $1\,800(1\,300)cm^{-1}\sim600\ cm^{-1}$ 两个区域。最有分析价值的基团频率在 $4\,000\ cm^{-1}\sim1\,300\ cm^{-1}$ 之间,这一区域称为基团频率区、官能团区或特征区。区内的峰是由伸缩振动产生的吸收带,比较稀疏,容易辨认,常用于鉴定官能团。

在 $1\,800\ cm^{-1}(1\,300\ cm^{-1})\sim600\ cm^{-1}$ 区域内,除单键的伸缩振动外,还有因变形振动产生的谱带。这种振动基团频率和特征吸收峰与整个分子的结构有关。当分子结构稍有不同时,该区的吸收就有细微的差异,并显示出分子特征。这种情况就像人的指纹一样,因此称为指纹区。指纹区对于指认结构类似的化合物很有帮助,而且可以作为化合物存在某种基团的旁证。

基团频率区可分为三个区域

(a) $4\,000\sim2\,500\ cm^{-1}$ X—H 伸缩振动区,X 可以是 O、N、C 或 S 等原子。O—H 基的伸缩振动出现在 $3\,650\sim3\,200\ cm^{-1}$ 范围内,它可以作为判断有无醇类、酚类和有机酸类的重要依据。

当醇和酚溶于非极性溶剂(如 CCl_4),浓度于 $0.01\ mol \cdot dm^{-3}$ 时,在 $3\,650\sim3\,580\ cm^{-1}$ 处出现游离 O—H 基的伸缩振动吸收,峰形尖锐,且没有其他吸收峰干扰,易于识别。当试样浓度增加时,羟基化合物产生缔合现象,O—H 基的伸缩振动吸收峰向低波数方向位移,在 3 400～3 200 cm^{-1} 出现一个宽而强的吸收峰。胺和酰胺的 N—H 伸缩振动也出现在 3 500～3 100 cm^{-1},因此,可能会对 O—H 伸缩振动有干扰。

C—H 的伸缩振动可分为饱和和不饱和的两种:

饱和的 C—H 伸缩振动出现在 3 000 cm^{-1} 以下,约 3 000～2 800 cm^{-1},取代基对它们影响很小。如—CH_3 基的伸缩吸收出现在 2 960 cm^{-1} 和 2 876 cm^{-1} 附近;R_2CH_2 基的吸收在 2 930 cm^{-1} 和 2 850 cm^{-1} 附近;R_3CH 基的吸收基出现在 2 890 cm^{-1} 附近,但强度很弱。

不饱和的 C—H 伸缩振动出现在 3 000 cm^{-1} 以上,以此来判别化合物中是否含有不饱和的 C—H 键。苯环的 C—H 键伸缩振动出现在 3 030 cm^{-1} 附近,它的特征是强度比饱和的 C—H 浆键稍弱,但谱带比较尖锐。不饱和的双键=C—H 的吸收出现在 3 010～3 040 cm^{-1} 范围内,末端=CH_2 的吸收出现在 3 085 cm^{-1} 附近。叁键 C—H 上的 C—H 伸缩振动出现在更高的区域(3 300 cm^{-1})附近。

(b) 2 500～1 900 cm^{-1} 为叁键和累积双键区,主要包括—C≡C、—C≡N 等叁键的伸缩振动,以及—C=C=C,—C=C=O 等累积双键的不对称性伸缩振动。

对于炔烃类化合物,可以分成 R—C≡CH 和 R—C≡C—R 两种类型:

R—C≡CH 的伸缩振动出现在 2 100～2 140 cm^{-1} 附近;

R—C≡C—R 出现在 2 190～2 260 cm^{-1} 附近;

R—C≡C—R 分子对称,则为非红外活性。

—C≡N 基的伸缩振动在非共轭的情况下出现 2 240～2 260 cm^{-1} 附近。当与不饱和键或芳香核共轭时,该峰位移到 2 220～2 230 cm^{-1} 附近。若分子中含有 C、H、N 原子,—C≡N 基吸收比较强而尖锐。若分子中含有 O 原子,且 O 原子离—C≡N 基越近,—C≡N 基的吸收越弱,甚至观察不到。

(c) 1 900～1 200 cm^{-1} 为双键伸缩振动区,该区域重要包括三种伸缩振动:C=O 伸缩振动出现在 1 900～1 650 cm^{-1},是红外光谱中特征的且往往是最强的吸收,以此很容易判断酮类、醛类、酸类、酯类以及酸酐等有机化合物。酸酐的羰基吸收带由于振动耦合而呈现双峰。苯的衍生物的泛频谱带,出现在 2 000～1 650 cm^{-1} 范围,是 C—H 面外和 C=C 面内变形振动的泛频吸收,虽然强度很弱,但它们的吸收面貌在表征芳核取代类型上有一定的作用。

B. 指纹区

(a) 1 800(1 300)cm^{-1}～900 cm^{-1} 区域是 C—O、C—N、C—F、C—P、C—S、P—O、Si—O 等单键的伸缩振动和 C=S、S=O、P=O 等双键的伸缩振动吸收。

其中:1 375 cm^{-1} 的谱带为甲基的 C—H 对称弯曲振动,对识别甲基十分有用,C—O 的伸缩振动在 1300～1 000 cm^{-1},是该区域最强的峰,也较易识别。

(b) 900～650 cm^{-1} 区域的某些吸收峰可用来确认化合物的顺反构型。利用上区域中苯环的 C—H 面外变形振动吸收峰和 2 000～1 667 cm^{-1} 区域苯的倍频或组合频吸收峰,可以共同配合确定苯环的取代类型。

(2) 关于红外光谱分析的顺口溜

(a) 外可分远中近,中红特征指纹区,1 300 来分界,注意横轴划分异。看图要知红外仪,弄清物态液固气,样品来源制样法,物化性能多联系。识图先学饱和烃,三千以下看峰形。

(b) 2 960、2 870 是甲基,2 930、2 850 亚甲基峰。1 470 碳氢弯,1 380 甲基显。二个甲基同一碳,1 380 分二半。面内摇摆 720,长链亚甲基亦可辨。

(c) 烯氢伸展过三千,排除倍频和卤烷。末端烯烃此峰强,只有一氢不明显。

(d) 化合物,又键偏,~1 650 会出现。烯氢面外易变形,1 000 以下有强峰。910 端基氢,再有一氢 990。顺式二氢 690,反式移至 970;单氢出峰 820,干扰顺式难确定。

(e) 炔氢伸展三千三,峰强很大峰形尖。三键伸展二千二,炔氢摇摆六百八。

(f) 芳烃呼吸很特征,1 600~1 430,1 650~2 000 泛峰,取代方式区分明。900~650,面外弯曲定芳氢。五氢吸收有两峰,700 和 750,四氢只有 750,二氢相邻 830,间二取代出三峰,700、780 ,880 处孤立氢。

(g) 醇酚羟基易缔合,三千三处有强峰。C—O 伸展吸收大,伯仲叔醇位不同。1 050 伯醇显,1 100 乃是仲,1 150 叔醇在,1 230 才是酚。

(h) 1 110 醚链伸,注意排除酯酸醇。若与 π 键紧相连,二个吸收要看准,1 050 对称峰,1 250 对称。

(i) 苯环若有甲氧基,碳氢伸展 2 820。次甲基二氧连苯环,930 处有强峰。

(j) 环氧乙烷有三峰,1 260 环振动,九百上下反对称,八百左右最特征。

(k) 缩醛酮,特殊醚,1 110 非缩酮。酸酐也有 C—O 键,开链环酐有区别,开链强宽一千一,环酐移至 1 250。

(l) 羰基伸展一千七,2 720 定醛基。吸电效应波数高,共轭则向低频移。张力促使振动快,环外双键可类比。

(m) 二千五到三千三,羧酸氢键峰形宽,920,钝峰显,羧基可定二聚酸。

(n) 酸酐千八来偶合,双峰 60 严相隔,链状酸酐高频强,环状酸酐高频弱。

(o) 羧酸盐,偶合生,羰基伸缩出双峰,1 600 反对称,1 400 对称峰。

(p) 1 740 酯羰基,何酸可看碳氧展。1 180 甲酸酯,1 190 是丙酸,1 220 乙酸酯,1 250 芳香酸。1 600 兔耳峰,常为邻苯二甲酸。

(q) 氮氢伸展三千四,每氢一峰很分明。羰基伸展酰胺 I,1 660 有强峰;N—H 变形酰胺 II,1 600 分伯仲。伯胺频高易重叠,仲酰固态 1 550;碳氮伸展酰胺 III,1 400 强峰显。

(r) 胺尖常有干扰见,N—H 伸展三千三,叔胺无峰仲胺单,伯胺双峰小而尖。1 600 碳氢弯,芳香仲胺千五偏。八百左右面内摇,确定最好变成盐。

(s) 伸展弯曲互相近,伯胺盐三千强峰宽,仲胺盐、叔胺盐,2 700 上下可分辨,亚胺盐,更可怜,2 000 左右才可见。

(t) 硝基伸缩吸收大,相连基团可弄清。1 350、1 500,分为对称反对称。

(u) 氨基酸,成内盐,3 100~2 100 峰形宽。1 600、1 400 酸根展,1 630、1 510 碳氢弯。盐酸盐,羧基显,钠盐蛋白三千三。

(v) 矿物组成杂而乱,振动光谱远红端。纯盐类,较简单,吸收峰,少而宽。

(w) 注意羟基水和铵,先记几种普通盐。1 100 是硫酸根,1 380 硝酸盐,1 450 碳酸根,一千左右看磷酸。硅酸盐,一峰宽,1 000 真壮观。

（3）红外光谱分析步骤

（a）首先依据谱图推出化合物碳架类型：根据分子式计算不饱和度，公式：

不饱和度＝(2C＋2－H－Cl＋N)/2 其中：Cl 为卤素原子

例如：比如苯：C_6H_6，不饱和度＝(2*6＋2－6)/2＝4,3 个双键加一个环，正好为 4 个不饱和度；

（b）分析 3 300～2 800 cm^{-1} 区域 C—H 伸缩振动吸收；以 3 000 cm^{-1} 为界：高于 3 000 cm^{-1} 为不饱和碳 C—H 伸缩振动吸收，有可能为烯,炔,芳香化合物，而低于 3 000 cm^{-1} 一般为饱和 C—H 伸缩振动吸收；

（c）若在稍高于 3 000 cm^{-1} 有吸收，则应在 2 250～1 450 cm^{-1} 频区,分析不饱和碳碳键的伸缩振动吸收特征峰,其中：

炔 2 200～2 100 cm^{-1}

烯 1 680～1 640 cm^{-1}

芳环 1 600,1 580,1 500,1 450 cm^{-1}泛峰

若已确定为烯或芳香化合物,则应进一步解析指纹区,即 1 000～650 cm^{-1} 的频区,以确定取代基个数和位置(顺、反；邻、间、对)；

（d）碳骨架类型确定后,再依据其他官能团,如 C＝O,O—H,C—N 等特征吸收来判定化合物的官能团；

（e）解析时应注意把描述各官能团的相关峰联系起来,以准确判定官能团的存在,如 2 820,2 720 和 1 750～1 700 cm^{-1}的三个峰,说明醛基的存在。

（4）常见的键值

分析基本搞定,剩下的就是背一些常见常用的键值了！

① 烷烃：C—H 伸缩振动(3 000－2 850 cm^{-1})

C—H 弯曲振动(1 465～1 340 cm^{-1})

一般饱和烃 C—H 伸缩均在 3 000 cm^{-1} 以下,接近 3 000 cm^{-1}的频率吸收。

② 烯烃：烯烃 C—H 伸缩(3 100～3 010 cm^{-1})

C＝C 伸缩(1 675～1 640 cm^{-1})

烯烃 C—H 面外弯曲振动(1 000～675 cm^{-1})。

③炔烃：伸缩振动(2 250～2 100 cm^{-1})

炔烃 C—H 伸缩振动(3 300 cm^{-1}附近)。

④芳烃：3 100～3 000 cm^{-1}芳环上 C—H 伸缩振动

1 600～1 450 cm^{-1}C＝C 骨架振动

880～680 cm^{-1}C—H 面外弯曲振动

芳香化合物重要特征：一般在 1 600,1 580,1 500 和 1 450 cm^{-1}可能出现强度不等的 4 个峰。880～680 cm^{-1},C—H 面外弯曲振动吸收,依苯环上取代基个数和位置不同而发生变化,在芳香化合物红外谱图分析中,常常用此频区的吸收判别异构体。

⑤醇和酚：主要特征吸收是 O—H 和 C—O 的伸缩振动吸收,

O—H 自由羟基 O—H 的伸缩振动：3 650～3 600 cm^{-1},为尖锐的吸收峰,

分子间氢键 O—H 伸缩振动：3 500～3 200 cm^{-1},为宽的吸收峰；

C—O 伸缩振动:1 300～1 000 cm^{-1}

O—H 面外弯曲:769～659 cm^{-1}

⑥ 醚:特征吸收:1 300～1 000 cm^{-1}的伸缩振动,

脂肪醚 1 150～1 060 cm^{-1}一个强的吸收峰

芳香醚:两个 C—O 伸缩振动吸收:1 270～1 230 cm^{-1}(为 Ar—O 伸缩)1 050～1 000 cm^{-1}(为 R—O 伸缩)

⑦ 醛和酮:醛的主要特征吸收:1 750～1 700 cm^{-1}(C=O 伸缩)

2 820,2 720 cm^{-1}(醛基 C—H 伸缩)

脂肪酮:1 715 cm^{-1},强的 C=O 伸缩振动吸收,如果羰基与烯键或芳环共轭会使吸收频率降低。

⑧ 羧酸:羧酸二聚体:3 300～2 500 cm^{-1}宽,强的 O—H 伸缩吸收

1 720～1 706 cm^{-1}C=O 吸收

1 320～1 210 cm^{-1}C—O 伸缩

920 cm^{-1}成键的 O—H 键的面外弯曲振动

⑨ 酯:饱和脂肪族酯(除甲酸酯外)的 C=O 吸收谱带:1 750～1 735 cm^{-1}区域

饱和酯 C—C(=O)—O 谱带:1 210～1 163 cm^{-1}区域,为强吸收

⑩ 胺:3 500～3 100 cm^{-1},N—H 伸缩振动吸收

1 350～1 000 cm^{-1},C—N 伸缩振动吸收

N—H 变形振动相当于 CH$_2$的剪式振动方式,其吸收带在:1 640～1 560 cm^{-1},面外弯曲振动在 900～650 cm^{-1}。

⑪ 腈:腈类的光谱特征:三键伸缩振动区域,有弱到中等的吸收

脂肪族腈 2 260～2 240 cm^{-1}

芳香族腈 2 240～2 222 cm^{-1}

⑫ 酰胺:3 500～3 100 cm^{-1}N—H 伸缩振动

1 680～1 630 cm^{-1}C=O 伸缩振动

1 655～1 590 cm^{-1}N—H 弯曲振动

1 420～1 400 cm^{-1}C—N 伸缩

⑬ 有机卤化物:

C—X 伸缩脂肪族

C-F 1400-730 cm^{-1}

C-Cl 850-550 cm^{-1}

C-Br 690-515 cm^{-1}

C-I 600-500 cm^{-1}

六、实验报告要求

1. 对已知样品进行红外光谱分析。

2. 对未知样品进行红外光谱分析,推测未知物的分子结构。

七、实验注意事项

1. 必需严格按照仪器操作规程进行操作，实验未涉及的命令禁止乱动。

2. 在红外灯下操作时，用溶剂（CCl_4 或 $CHCl_3$）清洗盐片，不要离灯太近，否则，移开红外灯时温差太大会导致盐片碎裂。

3. 谱图处理时，平滑参数不要选择太高，否则会影响谱图分辨率。

八、实验思考题

1. 红外光谱可以分析哪些试样？一般有哪些制样方法，分别适用于什么样品？

2. 溴化钾的作用是什么？用溴化钾压片时应注意什么？

3. 衰减全反射谱的原理，适用于分析什么样品？

4. 红外光谱对试样有什么要求？

5. 傅里叶红外光谱具有哪些优点？

实验 31　拉曼光谱分析

一、实验目的

1. 掌握拉曼散射的产生机理以及拉曼光谱仪的发展与应用。

2. 熟悉激光拉曼光谱仪的基本结构和原理。

3. 通过测定 CCl_4 的激光拉曼光谱,熟悉拉曼光谱实验方法,了解拉曼光谱与分子振动-转动能级的关系,为进一步使用拉曼光谱进行研究打下基础。

二、实验内容

1. 掌握仪器的使用原理和技术,调节仪器至最佳状态。

2. 记录狭缝宽度并获得拉曼光谱,分析各个简正模式。

3. 计算分子的振动频率和各谱线与激发线的波数差。

三、实验仪器设备与材料

Aramis 拉曼光谱仪,见图 31-1 所示;试样 CCl_4。

技术指标:

1. 光谱范围:100～4 000 nm;

2. 光栅类型:3 000 1/mm、1 800 1/mm、1 200 1/mm、600 1/mm;

3. 物镜类型:10 × VIS、50 × VIS、100×VIS、15×NUV、50×LWD;

4. 激光器波长类型:785 nm、532 nm、325 nm;

5. XY 平台规格:75×50;

6. CCD 类型:Te RAMAN-1024×256-OPEN-SYN。

图 31-1　Aramis 拉曼光谱仪

四、实验原理

1. 拉曼光谱

一束单色光(波数为 ν_0 的激光束)入射于透明试样时:大部分光可以透射过去;一部分光被吸收;还有一部分被散射。如果对散射光所包含的频率进行分析,会观察到散射光中的大部分波长与入射光相同,而一小部分波长产生偏移 $\nu = \nu_0 + \Delta\nu$。前者属于弹性散射,后者属于非弹性散射。在分子系统中,波数 $\Delta\nu$ 基本上落在与分子的转动能级、振动能级和电子能级之间的跃迁相关联的范围内,即在非弹性散射中,光子的一部分能量传递给分子,转变为分子的振动或转动能,或者光子从分子的振动或转动中得到能量。这种频率发生改变的辐射散射称为拉曼散射,相对激发光波长偏移的波数 $\Delta\nu$ 称为拉曼频移。在散射的光谱中,新波数的谱线称作拉曼线或拉曼带,合起来构成拉曼光谱。拉曼光谱是入射光子和分子相碰撞时,分子的振动能量或转动能量和光子能量叠加的结果,利用拉曼光谱可以把处于红外区的分子能谱转移到可见光区来观测。因此拉曼光谱作为红外光谱的补充,是研究分子结构的有力武器。拉曼光谱是一种散射光谱,主要用于观察分子系统中的振动、转动以及其他低频模式。拉曼光谱中常出现一些尖锐的峰,是试样中某些特定分子的特征。因此,拉曼光谱具有进行定性分析并对相似物质进行区分的功能。而且,由于拉曼光谱峰的强度与相应分子的浓度成正比,拉曼光谱也能用于定量分析。

同一物质分子,随着入射光频率的改变,拉曼线的频率也改变,但拉曼频移 $\Delta\nu$ 始终保持不变。拉曼位移与入射光频率无关,只与物质分子的转动和振动能级有关。如以拉曼频移(波数)为横坐标,拉曼散射强度为纵坐标,激发光的波数(也即瑞利散射波数,ν_0)作为零点写在光谱的最右端,略去反斯托克斯拉曼散射谱带,即得到类似于红外光谱的拉曼光谱图。

一般的光谱只有两个基本参数,即频率和强度。但拉曼光谱还有一个去偏振度(ρ),以它来衡量分子振动的对称性,增加了有关分子结构的信息。ρ 定义为

$$\rho = \frac{I_\perp}{I_{//}} \tag{31-1}$$

式中:$I_\perp$——偏振方向与入射光偏振方向垂直的拉曼散射强度,即当偏振器与激光方向垂直时检测器可测到的散射光强度;

$I_{//}$——偏振方向与入射光偏振方向平行的拉曼散射强度,即当偏振器与激光方向平行时检测器可测到的散射光强度。

在使用 $90°$ 背散射几何时,无规则取向分子的去偏振率在 $0\sim0.75$ 之间。只有球对称振动分子能达到限定值的最大或最小。例如,$459\ \mathrm{cm}^{-1}$ 附近的 CCl_4 对称伸缩振动的去偏振率小于 0.005,而 CCl_4 其他拉曼峰的去偏振率非常接近 0.75,对称程度较低的分子振动的去偏振率在 0 到 0.75 之间,而最为对称的振动,其去偏振率最小。

拉曼散射强度正比于被激发光照明的分子数,这是应用拉曼光谱术进行定量分析的基础。拉曼散射强度也正比于入射光强度和 $(\nu-\nu_0)^4$。所以增强入射光的强度或使用较高频率的入射光也能增强拉曼散射强度。分子对称理论尽管不能给出拉曼活性振动散射光的强度有多大,但仍然可以根据影响振动化学键偏振性和分子或化学键对称性因素来估计相对拉曼散射强度。这些影响拉曼峰强度的因素大致有下列几项:①极性化学键的振动产生弱拉曼强度。强偶极矩使电子云限定在某个区域,使得光更难移动电子云。②伸缩振动通常比弯曲振动有更强的散射。③伸缩振动的拉曼强度随键级而增强。④拉曼强度随键连接原子的原子序数而增强。⑤对称振动比反对称振动有更强的拉曼散射。⑥晶体材料比非结晶材料有更强更多的拉曼峰。

2. 拉曼光谱仪

从原理上讲,一台拉曼光谱仪的设计主要满足以下两点:阻挡瑞利散射光(因为瑞利散

射光强度约为拉曼散射光强度的 10^9 倍)和其他杂散光进入探测器;将拉曼散射光分散成组成它的各个频率(或波段)并使其进入探测器。对拉曼光谱仪的一般要求是最大限度地探测到来自试样的拉曼散射光,有较高的光谱分辨率和频移精度,合适的光谱范围,能快速获得资料及操作简便。为了达到上述要求,拉曼光谱仪的基本组成有激光光源、样品池、单色器和探测记录系统四部分,并配有微机控制仪器操作和处理数据,其结构方框示意图如图 31-2 所示。

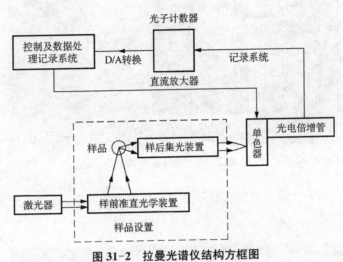

图 31-2　拉曼光谱仪结构方框图

典型的拉曼光谱仪工作过程可以简述为:激光器发射出来的激光照射在样品上,被照明的区域发射的电磁辐射用一个透镜收集然后经过一个单色器,瑞利散射部分被陷波滤波器或带通滤波器过滤掉,剩下的光进入探测器,收集得到拉曼光谱。

按照仪器将来自试样的拉曼散射光随频移分散开的方式不同,可将拉曼光谱仪分为:滤光器型、分光仪型和迈克尔逊干涉仪型。

五、实验方法和步骤

1. 主窗口介绍

成功进入实验场景窗体,默认进入"拉曼光谱实验"实验内容,实验场景的主窗体如图 31-3 所示:

2. 选择实验样品

双击拉曼光谱仪右侧部分,弹出拉曼光谱正视图窗体,在窗体中选择要进行测量的样品。下面以四氯化碳为例,如图 31-4 所示:

3. 打开激光器电源以及拉曼光谱仪电源

双击光谱仪右侧,弹出光谱仪侧

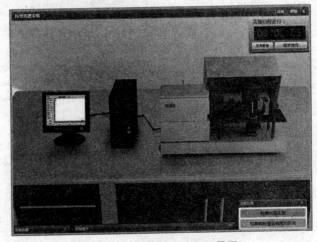

图 31-3　拉曼光谱实验主场景图

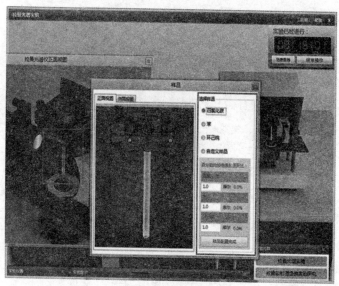

图 31-4　选择实验样品

面视图。在侧面视图中分别点击激光器开关和拉曼光谱仪开关,依次打开激光器和光谱仪电源,如图 31-5 所示:

图 31-5　打开激光器和光谱仪电源

4. 调节样品管

双击光谱仪右侧部分,打开光谱仪正面调节视图,同时打开样品管视图。调节光谱仪的样品台的各个旋钮,使激光光束恰好处于样品管中心。当无论从样品管正面视图观察,还是从样品管侧面视图观察,激光束均处于样品管中心时,即完成样品管的调节,见图 31-6 所示:

图 31-6　样品管的调节

5. 调节光谱仪光路

完成调节后,闭合光谱仪箱体:凹面镜支架、样品支架以及物镜筒支架均为四维调整架,实验中认真调节凹面镜与物镜筒旋钮,使物镜的反射光焦点与物镜筒的凸透镜焦点恰好重合,此时在单色仪接收狭缝位置上可以观察到清晰的绿色的像。双击狭缝位置,打开接受光孔调节窗体。分别调节凹面镜旋钮以及物镜筒旋钮,同时观察光斑与狭缝的中心的相对位置,选择合适的缝宽,使光线完全通过狭缝(注意:当接收光恰好通过狭缝时,由于单色仪狭缝近似为黑体,此时基本看不到反射光线,只有通过狭缝两端的小部分光线判断出光线恰好进入单色仪狭缝)。完成调节后,用鼠标右击拉曼光谱仪箱体的箱盖,将光谱仪箱体闭合,见图 31-7 所示。

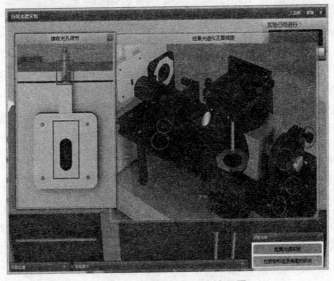

图 31-7　调节光斑与狭缝位置

6. 扫描拉曼光谱

（1）所有光路调节完成以后，双击主场景中的显示器，打开显示器调节窗体。选择合适的扫描参数和扫描范围。

（2）首先进行阈值分析，点击"阈值分析"按钮调出界面，进行阈值分析并自动选取阈值。

（3）将自动选取的阈值填写到"工作状态"中的"阈值"输入框中，点击"扫描光谱"按钮进行光谱扫描，扫描时不可进行其他操作。

（4）判断扫描结果中有效的峰值信息。

点击"寻峰/检峰"按钮，在打开的寻峰/检峰窗体中，点击"自动寻峰按钮"，仪器将会自动寻出扫描的峰值信息，其中一部分光谱峰是四氯化碳的特征峰，一部分则是误检的峰。通过将鼠标放置在扫描光谱的相应位置时，鼠标"十"字所显示的峰值位置和大小，可以判断出该峰值是否是四氯化碳的特征峰信息，见图 31-8 所示：

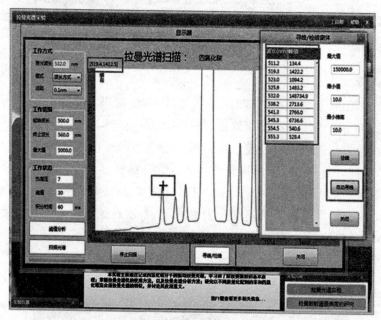

图 31-8　寻峰/检峰

7. 进行"拉曼散射谱退偏度的研究"

在实验内容栏中点击"拉曼散射谱退偏度的研究"，进入"拉曼散射谱退偏度的研究"主场景。

8. 选择待测样品

在样品视图窗体中，默认选择的样品为四氯化碳。

9. 光路调节——物架台及样品试管调节

调整光路前，先打开激光器和光谱仪电源，然后打开样品管视图窗体以便观察。调节光谱仪的散光系统各个旋钮，使激光光束恰好处于样品管中心。当无论从样品管正面视图观察，还是从样品管侧面视图观察，激光束均处于样品管中心时，即完成样品管的调节。

10. 光路调节——聚光透镜调节与狭缝对准

双击狭缝位置,打开接受光孔调节窗体。分别调节聚光系统模块的各个旋钮以及接受系统各个旋钮,同时观察光斑与狭缝的中心的相对位置,选择合适的缝宽,使光线完全通过狭缝。

11. 偏振片与 1/2 玻片

研究拉曼光谱的退偏度性质,需要装置偏振片与 1/2 玻片。

(1) 拉曼光谱仪正面视图中圈定的位置下方为 1/2 玻片,上方为偏振片。用鼠标双击相应的位置,可以弹出对应的调节窗体。

(2) 双击打开 1/2 玻片窗体,选择"放置"按钮,1/2 玻片被嵌入到光路中,此时点击"向左"或"向右"箭头,可以调节 1/2 玻片的旋转角度;选择"取下"按钮,可以将 1/2 玻片从光路中移除。

(3) 双击打开偏振片窗体,选择"放置"按钮,偏振片被嵌入到光路中,此时点击"向左"或"向右"箭头,可以调节偏振片的旋转角度;选择"取下"按钮,可以将偏振片从光路中移除。完成偏振片角度调节以后,在拉曼光谱仪正面视图中用鼠标右击偏振片所在位置,可以将偏振片放置到接收光管和狭缝之间的位置上;再次用鼠标右击偏振片位置,可以将偏振片移出。注意:只有当偏振片被"放置"到偏振片支架上且与支架共同处于接收光管和狭缝之间的位置上时,偏振片才被"真正的"放置到光路中。

12. 扫描拉曼光谱

(1) 所有光路调节完成以后,首先闭合拉曼光谱仪箱体,然后双击主场景中的显示器,打开显示器调节窗体。选择合适的扫描参数和扫描范围。

(2) 首先进行阈值分析,点击"阈值分析"按钮调出界面,进行阈值分析并自动选取阈值。

(3) 将自动选取的阈值填写到"工作状态"中的"阈值"输入框中,点击"扫描光谱"按钮进行光谱扫描,扫描时不可进行其他操作。

(4) 判断扫描结果中有效的峰值信息

点击"寻峰/检峰"按钮,在打开的寻峰/检峰窗体中,点击"自动寻峰按钮",仪器将会自动寻出扫描的峰值信息,其中一部分光谱峰是四氯化碳的特征峰,一部分则是误检的峰。通过将鼠标放置在扫描光谱的相应位置时,鼠标"十"字所显示的峰值位置和大小,可以判断出该峰值是否是四氯化碳的特征峰信息。

13. 记录数据

实验过程中,及时记录所测量的数据,并填写到数据表格中对应的位置,完成数据表格。

14. 分析数据

拉曼光谱含有丰富的信息,如图 31-9 所示,利用拉曼频率分析物质基本性质(成分、化学和结构),拉曼峰位的变化研究材料的微观力学,拉曼偏振测定物质的微结构和形态学(结晶度和取向度),拉曼半峰宽反应晶体的完美性,拉曼峰强定量分析物质各组分的含量。

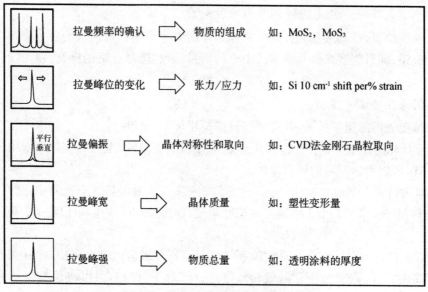

图 31-9 拉曼光谱各种信息的应用

六、实验报告要求

1. 标定四氯化碳特征峰。
2. 计算分子的振动频率与各谱线与激发线的波数差。

七、实验注意事项

1. 在老师指导下进行光路调节。

2. 激发功率提高激发光强度或增加缝宽能够提高信噪比,但在进行低波数测量时这样做常常会因增加了杂散光而适得其反。

3. 激光波长对杂散光及信噪比的影响十分显著。

八、实验思考题

1. 拉曼光谱的原理是什么?
2. 去偏振度的含义是什么?
3. 如何进行定量计算?

实验 32　电感耦合等离子体原子发射光谱分析

一、实验目的

1. 了解等离子体原子发射光谱仪的基本构造、原理与方法。
2. 了解等离子体原子发射光谱分析过程的一般要求和主要操作步骤。
3. 掌握等离子体原子发射光谱对样品的要求及制样方法。
4. 掌握等离子体原子发射光谱定量分析与数据处理方法。

二、实验内容

1. 巩固电感耦合等离子体(ICP)原子发射光谱分析法的理论知识。
2. 掌握 ICP-AES 光谱仪的基本构成及使用方法。
3. 掌握用 ICP-AES 法测定样品中 Hg^{2+} 的方法。

三、实验仪器设备与材料

i CAPQ 等离子体发射光谱仪,见图 32-1 所示;含 Hg^{2+} 溶液。

技术指标:
1. 灵敏度:①轻质量元素:Li>50 Mcps/ppm;②中质量数元素:In>220 Mcps/ppm;③高质量数元素:U>300 Mcps/ppm。
2. 仪器检出限:①轻质量元素:<0.5 ppt;②中质量数元素:<0.1 ppt;③高质量数元素:<0.1 ppt。
3. 稳定性:①短期稳定性(RSD):<3%;②长期稳定性(RSD):<4%(2 h);③质谱校正稳定性:<0.05 amu/8 h。
4. 随机背景<cps(4.5),标准模式下,仪器信噪比>150 M(1 ppm 中质量元素溶液,灵敏度/随机背景),氧化物离子(CeO^+/Ce^+)<2%
5. 优良的真空系统:阀门关闭状态:<6×10^{-8}Torr,工作状态:<6×10^{-7}Torr,从大气压开始抽至可工作的真空度的时间<15 min.
6. 离子透镜:将待分析离子方向偏转 90 度,彻底与未电离的中性粒子和光子分离;离子透镜彻底免维护.
7. 计算机及打印机:不低于双核 2G 处理器,2G 内存,160G 硬盘,(35×50) cm 显示器等,HP 激光打印机。
8. 可拆卸式石英矩管,计算机控制 X、Y、Z 方向自动调谐,可自由拆装清洗及维护,后期维护费用较低。
9. RF 发生器:无需屏蔽圈,实现稳定冷等离子体操作模式。
10. 质谱范围:4～250 amu。

图 32-1　i CAPQ 等离子体发射光谱仪

四、实验原理

电感耦合等离子体原子发射光谱(ICP-AES),是以电感耦合等离子矩为激发光源的光谱分析方法,具有准确度高和精密度高、检出限低、测定快速、线性范围宽、可同时测定多种元素等优点,国外已广泛用于环境样品及岩石、矿物、金属等样品中数十种元素的测定。

ICP 发射光谱分析过程主要分为三步,即激发、分光和检测,如图 32-2 所示。第一步,将试样由进样器引入雾化器,并被氩载气带入焰矩时,利用等离子体激发光源使试样蒸发气化(电感耦合等离子体焰矩温度可达 6 000～8 000 K,有利于难溶化合物的分解和难激发元素的激发),离解或分解为原子态,原子进一步电离成离子状态,原子及离子在光源中激发发光;以光的形式发射出能量。第二步,利用单色器将光源发射的光分解为按波长排列的光谱。第三步,检测光谱。不同元素的原子在激发或电离后回到基态时,发射不同波长的特征光谱,故根据特征光的波长可进行定性分析;元素的含量不同时,发射特征光的强弱也不同,据此可进行定量分析,其定量关系可用下式表示:

$$I = aC^b \tag{32-1}$$

式中:I—— 发射特征谱线的强度;

C—— 被测元素的浓度;

a—— 与试样组成、形态及测定条件等有关的系数;

b—— 自吸系数,通常 $b \leqslant 1$,在 ICP 光源中多数情况下 $b = 1$。

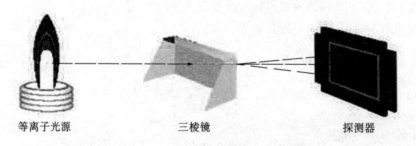

等离子光源　　　　　　　三棱镜　　　　　　　探测器

图 32-2　ICP-AES 发射光谱分析过程

ICP-AES 具有以下优点:①多元素同时分析;②灵敏度高(亚百万分之一级);③分析精度高,稳定性好(CV<1%);④线性范围宽(5～6 个数量级);⑤化学干扰极低;⑥溶液进样、标准溶液易制备;⑦可测定的元素广,如图 32-3 所示。卤族元素中的氟、氯不可测。惰性

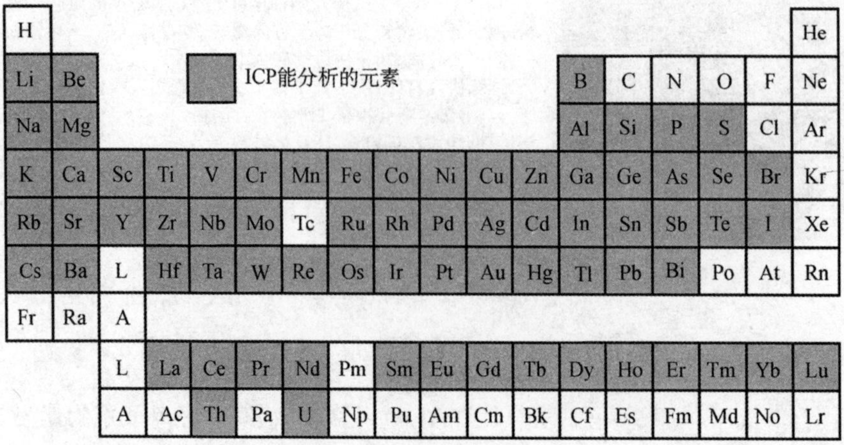

H																	He
Li	Be			ICP能分析的元素								B	C	N	O	F	Ne
Na	Mg											Al	Si	P	S	Cl	Ar
K	Ca	Sc	Ti	V	Cr	Mn	Fe	Co	Ni	Cu	Zn	Ga	Ge	As	Se	Br	Kr
Rb	Sr	Y	Zr	Nb	Mo	Tc	Ru	Rh	Pd	Ag	Cd	In	Sn	Sb	Te	I	Xe
Cs	Ba	L	Hf	Ta	W	Re	Os	Ir	Pt	Au	Hg	Tl	Pb	Bi	Po	At	Rn
Fr	Ra	A															

	L	La	Ce	Pr	Nd	Pm	Sm	Eu	Gd	Tb	Dy	Ho	Er	Tm	Yb	Lu
	A	Ac	Th	Pa	U	Np	Pu	Am	Cm	Bk	Cf	Es	Fm	Md	No	Lr

图 32-3　ICP-AES 能分析的元素

气体可激发,灵敏度不高,没有应用价值。C 元素虽然可测,但空气中二氧化碳背底太高。氧、氮、氢可激发,但必须隔离空气和水。大量的铀、钍、钚元素可测,但要求极高的防护条件。

五、实验方法和步骤

1. 仪器条件
1) 主要仪器
设备名称:IRIS Intrepid Ⅱ ICP(电感耦合等离子体发射光谱仪),见图 32-4 所示。

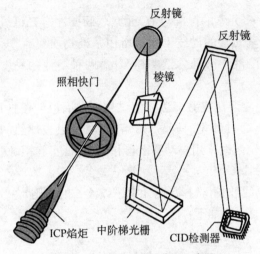

图 32-4　ICP-AES 光谱仪示意图

(1) 主要特点

具有灵敏度高、精确度高、稳定性好、波长范围宽、谱线选择灵活、基体效应小等优点,特别适合微量化学元素分析;具有同步背景校正功能,能进行常量和微量元素的同时测定,一次进样能同时分析 70 多种化学元素。适用于晶体、超导、合金、氧化物等各种材料以及地质、环保、冶金、化工、生物、医药和农业等方面的无机或有机样品的定性、定量分析。

(2) 主要技术指标

高频发生器:晶体控制型-双闭环控制,频率:27.12 MHz;功率:750～1 500 W 连续级可调。

进样系统:高效同心雾化器,直接驱动四通道蠕动泵,速度 0～200 r/min 连续可调,废液反抽系统,冷却气 14 L/min,辅助气(0～1.5)L/min,雾化气(15～45)psi(1 kPa=0.145 psi)连续可调。

分光系统:中阶梯光栅+石英棱镜的二维交叉色散系统,全波长闪耀,波长范围(165～1 000)nm,分辨率:≤0.005 nm(在 200 nm 处),杂散光:≤0.3 ppm(10 000 ppmCa 测 As 193.696 nm 处)。

检测器:CID 固体检测器,26 万多个检测单元,单元大小:28 μm×28 μm。

2) 其他设备

电子分析天平、超纯水发生器；

电热恒温鼓风干燥箱、调温电热板、马弗炉；

自动移液器、超声波清洗器；

化学玻璃仪器、刚玉坩埚 1 套；

元素标准溶液、化学试剂等。

根据实验要求设定好仪器的各个参数,包括 ICP 高频发生器、感应线圈、等离子体焰炬观察高度、氩气流量、积分时间、分析线波长。

2. 测试步骤

1) 配制标准溶液。多元素的标准溶液,元素之间要注意光谱线的相互干扰,尤其是基体或高含量元素对低含量元素的谱线干扰。所用基准物质要有 99.9% 以上的纯度。标准溶液中酸的含量与试样溶液中酸的含量要相匹配,两种溶液的黏度、表面张力和密度大致相同。

2) 制备样品。采用酸溶法或碱熔法溶解试样,包括称样、溶样以及定容等过程。采用电子分析天平精确称样,通过酸化、马弗炉碱熔,以及电热板加热的方法进行溶样,最后定溶在相应的容量瓶中。定溶时采用自动移液器移液,保证实验精确度。

3) 预热仪器。

4) 选择待测元素谱线波长(选择待测元素谱线波长的原则)。

5) 开机、点火。主要步骤如下:

(1) 开机

① 确认有足够的氩气用于连续工作(储量≥2 瓶,纯度≥99.995%)。

② 确认废液收集桶有足够的空间用于收集废液。

③ 打开氩气并调节分压在 0.5 MPa 左右。

④ 打开主机电源(右侧下方红色刀闸)。注意仪器自检动作。

⑤ 仪器光室开始预热,等待恒温至 (90 ± 0.5) $^\circ\mathrm{F}$,仪器处于准备状态 $\left(1\ ^\circ\mathrm{F}=\dfrac{5}{9}\ ^\circ\mathrm{C}\right)$。此过程可能要几个小时。

⑥ 打开计算机,启动 TEVA 软件,检查联机通信情况。

(2) 点火

① 再次确认氩气储量和压力。

② 检查并确认进样系统(炬管、雾化室、雾化器、泵管等)是否与待测溶液相适应并且已经准确安装。

③ 上好蠕动泵夹,把样品管放入去离子水中。

④ 开启排风。

⑤ 打开 TEVA 软件的 Plasma Status 对话框,进行点火操作。

(3) 稳定

① 光室稳定在 (90 ± 0.5) $^\circ\mathrm{F}$。

② CID 温度<−40 ℃。

③ 使等离子体稳定 15～30 min。

6）确定各元素的高压和放大倍数。

7）输入标样浓度,测定标样组,作出工作曲线,测试试样。

8）打印实验数据。

9）关机。

六、实验报告要求

1. 简述等离子体发射光谱仪的基本结构及特点。

2. 比较发射光谱和吸收光谱各自的优劣。

七、实验注意事项

1. 在老师的指导下操作设备。

2. 溶液配制时注意安全。

八、实验思考题

1. ICP-AES 定量分析的理论依据是什么?

2. 为什么 ICP 光源能够提高光谱分析的灵敏度和准确度?

实验 33　原子探针的试样制备

一、实验目的

1. 学习了解原子探针的试样要求。
2. 掌握原子探针试样制备的基本原理和方法。
3. 掌握利用电解抛光和聚焦离子束制备原子探针针尖试样的基本操作。

二、实验内容

以镍基合金为原料分别采用电解抛光方法和聚焦离子束方法制备原子探针的针尖试样。

三、实验仪器设备与材料

LEAP 4000X SI 原子探针仪，见图 33-1 所示；低速精密锯、直流电源、烧杯、高氯酸、聚焦离子束、光学显微镜等。

图 33-1　LEAP 4000X SI 原子探针仪

四、实验原理

原子探针层析技术（APT）是利用场蒸发原理连续地去除针尖状样品顶点上的原子，这些表面原子发生电离并随后在电场力的作用下沿着特定的轨道向探测器飞去，从而分析一定范围内不同元素原子的分布情况。原子探针层析技术是目前定量分析纳米尺度范围内不同元素原子分布最微观的技术,但是这种分析方法所用的样品必须制备成曲率半径小于 100 nm 的针尖状以保证能够达到足够的场强度。

原子探针显微镜样品的主要要求如下:

(1) 试样尖端的曲率半径介于 50~150 nm。

(2) 试样的表面应当光滑,无凸起、凹槽、裂纹和污染。

(3) 试样截面为圆形。

(4) 感兴趣特征应在试样顶点约 100 nm 以内,以确保包含在所获得的数据集内。

(5) 针尖颈部不能产生应力区,否则容易导致试样在电场下断裂。

(6) 适当的锥角。

电解抛光(也称电化学抛光)是制备原子探针针尖样品最常见的方法,这种技术的使用最为广泛,也是许多材料样品的最佳制备方法。电解抛光具有设备简单、快速方便等特点,而且可以通过同时切割、研磨、抛光多个样品来提高制样效率。但是这种方法仅适用于具有足够导电性可进行电解抛光的样品,而且很难在试样内部的特定部位制样。

采用离子束来进行材料的去除也可以制备原子探针试样,近年来,利用扫描电子显微镜-聚焦离子束(SEM-FIB)可以在大多数材料中制备出合格的针尖试样,利用聚焦离子可以在制备针尖试样的同时,将任何感兴趣特征(如晶界、相界等)定位在针尖尖端附近,但是聚焦离子束方法效率相对较低,设备昂贵,同时制备试样过程中还应注意调整条件以减少离子损伤和造成假象。

五、实验方法和步骤

1. 电解抛光

电解抛光方法主要用于金属材料的原子探针针尖试样的制备,主要要求材料具有良好的导电性,对于通常的块体金属而言,电解抛光过程主要包含以下两个步骤:

1) 制备样品"坯":电解抛光之前,先要制备细长条"火柴形"坯料,理想的坯料长度应在 15~25 mm(最小值为 10 mm 左右),截面尺寸约为 0.3 mm×0.3 mm(尺寸一定范围内可变,但是要求截面接近完美的正方形,以使得抛光结束后产生圆形截面的试样)。通常用低速精密锯或钢丝加工坯料,注意不要引入对微结构产生影响的热或变形。当然,对于线状或者丝状材料,可以直接通过切割金属线以获取适当的长度即可作为坯料。

2) 电解抛光:原子探针针尖试样通常采用多步电解的方法来进行电解抛光。第一步为粗抛,将坯料进行抛光直到坯料的外周被锐化;第二步为精抛,用来锐化顶部以达到最终尺寸。不同的材料对应不同的电解液,而且粗抛和精抛阶段所用的溶液或者浓度也都有所不同。一种实验室常用的抛光方法如图 33-2 所示:粗抛阶段直接在含有电解液的烧杯中进行,当试样端部的直径足够小时粗抛阶段结束;最终抛光在悬挂着金属丝环的电解液中进行(称为"微抛光"或"微循环抛光"),样品多次放入金属环中导致电解质持续下降,把它抛光到足够锋利足以用于原子探针分析。

2. 聚焦离子束

聚焦离子束(FIB)可以用来进行各种材料的微加工,目前 FIB 制备原子探针针状试样

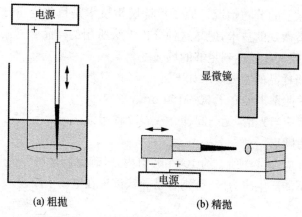

(a) 粗抛   (b) 精抛

图 33-2　典型微抛光试样装置的示意图

发展了不同的方法,主要分为"切取"法和"挖取"法,无论哪种方法,最后都需要采用环形切割的方式将针状样品的端部切削成尖端。

制备好针尖状试样后还需要用光镜或者透射电镜检查试样的状态是否满足要求或确定感兴趣特征是否在针尖顶端附近。

六、实验报告要求

1. 根据试样特性以及原子探针实验目标选择合适的针状试样制备方法。
2. 简述制备原子探针针尖状试样的实验过程。
3. 观察并记录不同参数和不同方法对针尖质量的影响。

七、实验注意事项

1. 配置抛光液时注意酸液倒入顺序,防止发热烫伤和爆炸危险。
2. 夹持针尖样品时注意轻拿轻放,不要折断或污损针尖。

八、实验思考题

1. 原子探针试样为什么要制成针尖状?
2. 电解抛光方法制备原子探针试样和透射电镜试样有何异同?
3. 聚焦离子束方法中如何防止离子损伤?

实验 34　原子探针显微分析

一、实验目的

1. 学习掌握原子探针层析的工作原理。
2. 熟悉原子探针设备的基本结构。
3. 了解原子探针层析的基本操作步骤。

二、实验内容

1. 熟悉了解三维原子探针设备的结构和功能。
2. 以镍基 690 合金为研究对象，进行原子探针层析实验，获得三维原子探针数据。
3. 学习利用软件进行三维重构及数据分析，获取样品分析体积中的元素分布。

三、实验仪器设备与材料

LEAP 4000X SI 三维原子探针设备（图 33-1）；镍基 690 合金等。

四、实验原理

原子探针层析技术（APT）可以确认原子种类并直观地重构出其空间位置，从而相对真实地显示出材料中不同元素原子的三维空间分布，成为目前空间分辨率最高的分析测试手段。

原子探针工作原理如图 34-1 所示，针尖状试样放置于超高真空环境（一般小于 10^{-8} Pa 的真空度），然后冷却至低温（20～80 K，取决于样品性质）以减小样品中的原子热振动。利

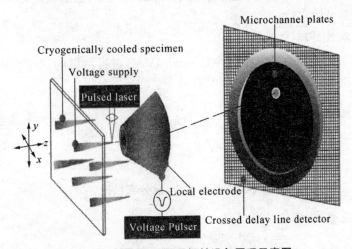

图 34-1　局部电极原子探针设备原理示意图

用脉冲电压(pulse)或者脉冲激光(pulse laser)激发,使得样品表面原子发生场蒸发和电离,利用飞行时间质谱仪测定蒸发离子的质量/电荷比,从而得到该离子的质谱峰以确定元素种类,同时利用位置敏感探头记录飞行离子在样品尖端表面的二维坐标,通过离子在纵向的逐层累计确定该离子的纵向坐标,从而确认该离子的三维坐标,最终给出不同元素原子的三维空间分布图像。

原子探针层析最大的优点就是能给出不同元素原子在三维空间中的成分和位置信息,而且可以从中选择体积不同的待测区进行成分分析,从而得到我们感兴趣特征区域(如晶界、相界、位错、析出相界面等)的浓度图、梯度图和成分表等。目前已经开发了许多成熟的商用软件和算法帮助研究者们进行数据重构和分析。

五、实验方法和步骤

1. 制备原子探针针尖试样

根据材料和研究内容分为两种:

(1)电解抛光,主要针对金属材料;

(2)聚焦离子束,主要针对非金属材料,或需要精准定位取样的样品。

2. 样品载入

将样品放入 loadlock 仓中,待真空至 7×10^{-6} Pa 以下,再将样品转移到 bluff 仓中进行真空处理。待 bluff 仓真空下降到 7×10^{-7} Pa 以下,再将样品转移至 analysis 仓中。

3. 进行原子探针层析实验

样品放入 analysis 仓后,设定实验温度,待温度稳定后,将样品移动到局域电极附近。LEAP 4000X SI 有两种分析模式:电压脉冲模式和激光脉冲模式。根据样品具体情况选择适合的分析模式及参数。

(1)电压模式,主要针对金属样品。将样品移动到局部电极附近后,设定相关的实验参数,然后点击"开始"按钮,开始实验。

(2)激光模式,主要针对半导体、陶瓷、复合材料等导电性能不好的材料。将样品移动局部电极附近后,打开激光,将激光点调整到样品的针尖上,然后设定相关的实验参数,再点击"开始"按钮,开始实验。

4. 数据重构及处理

待数据收集完成后,通过商业软件 Cameca IVAS 进行数据的三维重构及数据分析工作,获取样品分析体积中的元素分布及特征分布。

六、实验报告要求

1. 说明原子探针层析技术的基本原理。

2. 简述原子探针实验过程。

3. 根据实验结果分析镍基 690 合金中的元素分布情况。

七、实验注意事项

1. 夹持针尖样品时注意轻拿轻放,不要折断或污损针尖。

2. 实验前注意检查设备是否处于高真空状态。

八、实验思考题

1. 原子探针层析技术有何优缺点？

2. 通常金属可以采用电解抛光制备针尖试样，什么情况下采用聚焦离子束切割方法制样？

3. 原子探针层析技术是如何同时获取元素原子的种类信息和位置信息的？

参 考 文 献

［1］朱和国,尤泽升,刘吉梓.材料科学研究与测试方法［M］.3 版.南京:东南大学出版社,2016

［2］张庆军.材料现代分析测试实验［M］.北京:化学工业出版社,2006

［3］马小娥.材料实验与测试技术［M］.北京:中国电力出版社,2008

［4］潘清林.材料现代分析测试实验教程［M］.北京:冶金工业出版社,2011

［5］张宗培.仪器分析实验［M］.郑州:郑州大学出版社,2009

［6］何崇智,郗秀荣,孟庆恩,等.X 射线衍射实验技术［M］.上海:上海科学技术出版社,1988